U0293611

手缝皮革 简约包设计

简约包设计

风格与用途各异的10款包包，
缝制教程全图解

印地安皮革创意工场　著

河南科学技术出版社

· 郑州 ·

contents

在讲求环保再利用的时代，随着各种材质及技术的不断创新，有关手工的生活体验也越来越丰富多样。然而在多样的选择中，人们也不断地思索，如何以更好的方式使用自然素材。"植物鞣皮革"这个名词，越来越常在居家装饰、时装、皮具行业中出现。

皮革加工程序烦琐，其中最关键的环节是鞣制。鞣制方法多样，植物鞣制法最为环保、精致、费时，与现代人所追寻的自然且健康的生活最为契合。

本书中收录了用各式技法制作的包款，希望能让读者充分了解如何正确使用植物鞣皮革，以及如何发挥皮革最大的优点。质朴的材料，配合一双充满热情的手，让我们用一针一线缝制出新的生活态度，挖掘植物鞣皮革的秘密及魅力吧！

PART
1

进入皮革的世界

皮革种类与计量方法

挑选质感皮革

佛罗伦萨植物鞣皮革

皮面细腻无瑕且紧密，色泽美丽光滑，适用于所有高级手作皮革包款。

英国皇家马鞍皮

英国百年高级皮革材料，坚韧结实、拥有良好耐久性，常用于高级马具制作。即使表面有磨损，推磨后即能再次展现漂亮的光泽和质地。适用于高级皮带制作，削薄后也可制成颇具质感的皮夹或公事包。

植物鞣软牛皮（本色）

柔软且白皙的皮面，适合染色加工，制作各式软包。

新卡头皮（颈部皮）

意大利进口，皮革富含油脂且弹性十足，表面纹理丰富，适合制作钱夹类小物。

猪里皮（咖啡色）

柔软的猪里皮皮面布满绒毛，通常是用于内里制作，轻盈且增加柔软触感。

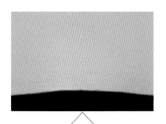

约特植物鞣皮革

皮革结实，预先染好颜色的皮革，皮面经过棉布擦拭立即呈现光泽质感，适用于各式皮件。

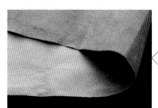

猪面皮（米色）

一面光滑，另一面有绒毛，两面都可当作正面使用，运用于不同部位的内里或是单独使用皆可。

了解牛皮部位

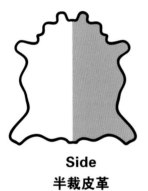

Side
半裁皮革

每张25~40小才

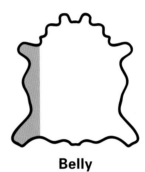

Belly
肚边皮革

每张5~15小才

Double Butt
背部皮革

每张20~30小才

Double Shoulder
头、肩部皮革

每张15~25小才

Whole Hide
全裁

皮革的适用性

不同部位的皮质特性不一样，应依照想要制作的皮件来选用；天
然皮革的纤维分布会直接影响整体厚度，在制成各式皮件时，用
途各不相同。

头、肩部皮革
有明显的皮革颈肩纹路，适合
制作想要呈现粗犷感的皮件。

肚边皮革
适合制作皮夹内里，或小块的皮
革配片。

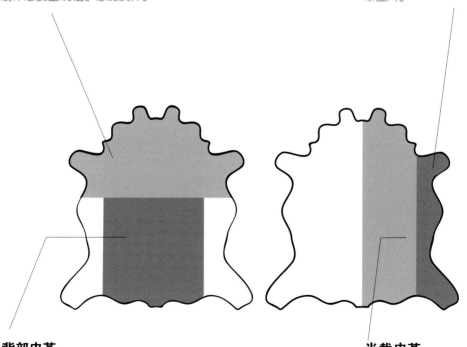

背部皮革
皮身厚且结实，是制作皮带的
首选部位。

半裁皮革
皮身厚度较一致，适合做成各式
包款与皮夹。

皮革的计量

皮料来自世界各地，尺寸不一，因此计量单位也不一样。

通用的计算方式

1小才＝25.4cm×25.4cm

1大才＝30.48cm×30.48cm

1DM＝10cm×10cm

总才数×每才单价＝每张皮革总价

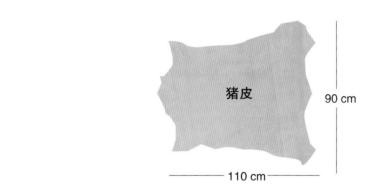

猪皮

90 cm

110 cm

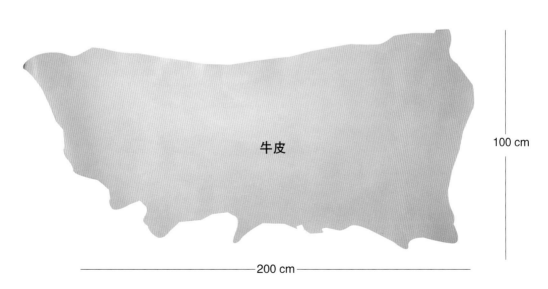

牛皮

100 cm

200 cm

皮革工具

01 酒精性染料

液态酒精性染料，耐光度高，均匀染度与渗透性佳，加水即可稀释，勿加入盐基性染料混合。

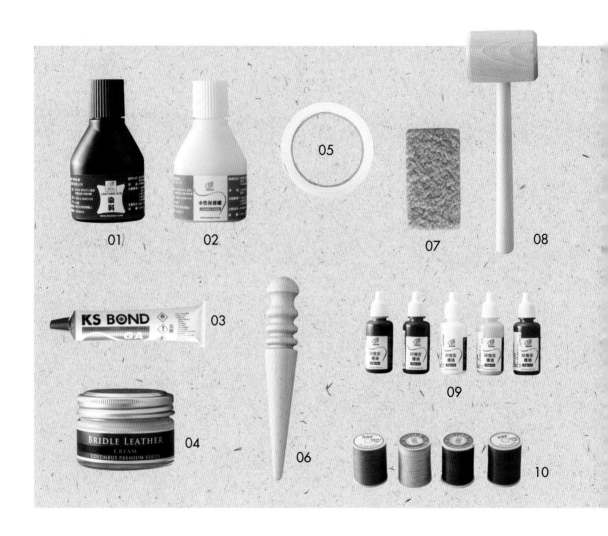

02 保养水蜡

水状的皮革蜡，能更轻松地运用于皮革上，轻推即可均匀涂抹皮革。

03 皮革用强力胶

用途广泛的速干型黏着剂。

04 皮革专用保养油

深层滋润，有保护皮革的效果，能滋润防护并延长皮革寿命。

05 双面胶

粘贴拉链用。

06 木制修边器

搭配床面处理剂抛光，可使皮革边缘圆滑平顺。

07 去胶片

当皮革沾上多余的皮革用强力胶时，可使用去胶片将其去除。

08 木槌
使用菱錾时专用木槌。

09 边油
涂在皮革侧边切面,晾干后会呈现圆弧状包覆层,让皮革边更平滑,有多种颜色,可依皮革颜色调色。

10 法萨林麻线
法国名牌包包指定用线,经双重捻制,并经马毛抛光表面处理,很滑顺,缝制时更容易操作,搭配法式菱錾制作会让作品更显精致。

11 磨砂棒
研磨皮革边缘不平整处。

12 线蜡
给麻线上蜡的专用蜡块。

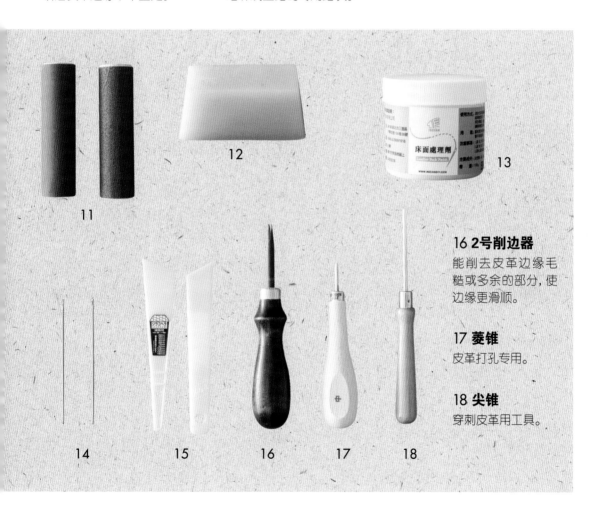

11　12　13

16 2号削边器
能削去皮革边缘毛糙或多余的部分,使边缘更滑顺。

17 菱锥
皮革打孔专用。

18 尖锥
穿刺皮革用工具。

14　15　16　17　18

13 床面处理剂
涂在皮革背面,让皮革平顺服帖,也可用于侧边抛光。搭配木制磨边器或磨砂棒,使粗糙的皮革边变得顺滑。

14 丸针 (细)
手缝专用针,圆形针头刺穿皮革时,不会刺到皮革纤维层,便可轻松拉出。

15 上胶片 (大)
上胶片有不同的尺寸,皮革上胶时,使用上胶片可使胶水更均匀地涂抹于皮革上。

19 记号笔

用于皮革上做记号，画完后可使用尾端轻松擦除。

20 染料涂棒

可修剪成适合的宽度，蘸取染料便可轻松涂边。

21 线引器

可在皮革上做打孔记号，也可换头使用挖槽功能。

22 皮革用剪刀

锐利的皮革剪刀可剪较厚的皮革。

23 边油笔

其旋转头可使边油均匀地涂抹在皮革边缘。

24 塑料芯线（滚边用）

用于皮革滚边。

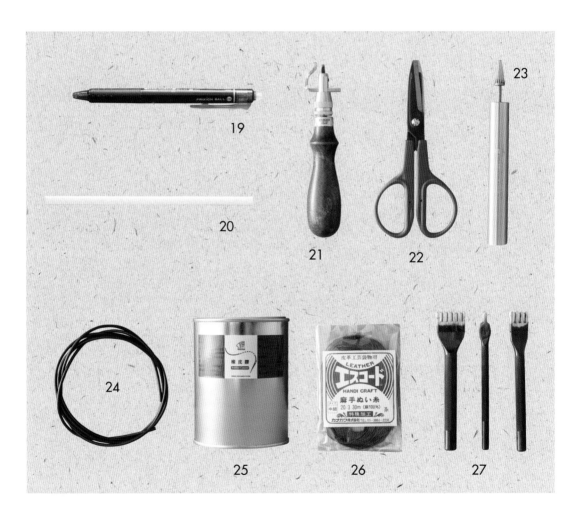

25 橡皮胶

通常适用于贴附内里皮革，干燥后能保留皮革的柔软度及弹性。

26 中细麻线

手缝皮革专用麻线，日本制造。

27 2mm菱錾（6孔/1孔/4孔）

皮革专用菱錾，可依皮包大小选购适合的孔数。

让皮件更细致的技法

◇◇◇

穿线

固定线的基本方法

跟着步骤即可让麻线轻松穿入丸针，固定麻线使其不脱落。

材料

丸针、麻线

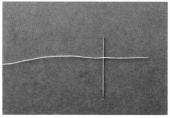

上好蜡的麻线前端约留一根针的距离，将丸针刺穿过去。➡

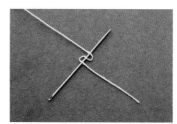

如图，将线刺穿出两个小圈。↙

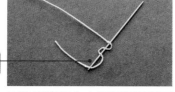

线圈距离越小越好。

再依序将两个小圈圈慢慢退至针尾，线头穿过针孔。↓

将长边的线往针孔方向拉，如图，缝制过程中针线便不会脱落。↓

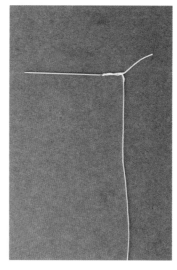

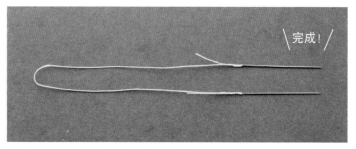

＼完成！／

另一端麻线也用同样步骤完成穿针，即双针缝的穿针法。⊖

皮革养护

凸显皮质的前处理

制作手工皮件时，第一个步骤便是要进行皮革养护，因皮革表面吸水的特性，容易附着污物，所以要提前做好皮革养护。

材料

保养水蜡或皮革专用保养油、棉布

拿出海绵或棉布蘸取适量的蜡，在皮革上均匀打圈涂抹。➡

再使用棉布，也一样以打圈的方式将整张皮革再涂抹一次。⬇

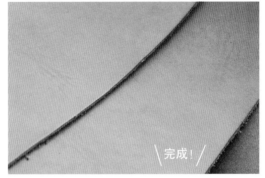

右边为处理过的皮革，表面呈现一层淡淡的光泽。处理后的皮革既防污也防水。⊖

完成！

手工鞣革

荔枝纹的皮革质感

用手边的工具及双手即可鞣制出自己喜爱的皮革纹理。

材料

植物鞣制皮革、皮革专用保养油

准备一张油脂含量丰富的植物鞣制皮革，使用皮革专用保养油在皮革表面轻涂一层。➡

❗ 可以稍微用一点力气。

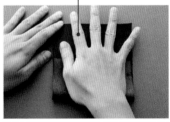

以手掌心将皮革以对折方式往前推压。↙

再横向折叠，往前推压皮革。➡

完成！

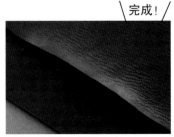

经挤压后的皮革会在表面留下颗粒状的纹路，增加皮革质感。⊖

皮革边缘修饰

使边缘平滑的细节处理

当皮件制作完成，边缘的打磨是最后一道工序，能使皮件看起来完成度更高。

材料

2号削边器、研磨器（平）、磨砂棒、布、床面处理剂、木制修边器

使用削边器以45°角削去皮革边缘。➡

用研磨器稍微打磨边缘。➡

这时已将不平整的皮革磨去。⬅

蘸取适量床面处理剂涂抹边缘。➡

用木制修边器来回打磨直至看不出床面。➡

打磨完成。⬅

再使用磨砂棒轻微打磨边缘。➡

这个步骤需使用少量水涂抹皮革边缘，再拿出布磨边直至产生光泽。➡

上一步操作2～3回，边缘会更漂亮。

＼完成！／

修磨完成与未修磨的差别。➖

皮革边缘削薄
无缝接合的小技巧

第一次尝试时可先用手边的碎皮块练习力度和角度，再开始削薄皮革边缘。

材料

一般刀片（小）

如削边宽度为1cm，先用刀片浅浅地在要削薄的皮革上划出1cm的宽度线。→

可分多次削薄，以免造成皮革一次削过多而破裂。

把刀片顺着皮革边缘放置，将刀锋切入刚划好的1cm宽的位置，以45°角往外削薄。↙

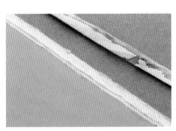

依需要的厚度调整削薄厚度。→

完成！

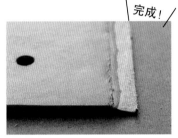

削薄侧面呈45°倾斜。⊖

法式菱錾
呈现更精致的缝线风格

法式菱錾打出的孔细长且呈倾斜状，缝制完成的样子精致平顺。需要注意的是，法式菱錾不能直接打穿皮革，约莫打到皮革一半厚度时，需再搭配菱锥刺穿。

材料

胶板、法式菱錾、菱锥

不需将皮革打穿，法式菱錾质地较软，避免造成菱錾齿变形。

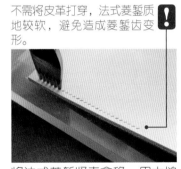

将法式菱錾竖直拿稳，用木槌在皮革上敲打。→

使用最小号的菱锥将打好的孔——刺穿，即可开始缝制。↓

法式菱錾　　普通2mm菱錾

完成！

左边为法式菱錾缝制后的样子，与右边普通2mm菱錾所缝制出来的线距有些微不同。法式菱錾打出的孔较为细长，倾斜的部分也较为锐利。⊖

皮革边缘补色

提高皮件的完成度

皮革边缘可染色后再做修磨，精致度更高。

材料

水性染料、床面处理剂、染料涂棒、木制修边器

❗ 染料涂棒勿倾斜，以免染料沾染至皮革正面。

准备补色所需材料。➡

染料涂棒剪下1.5cm，用长尾夹夹住一端，蘸取水性染料。➡

小心地涂抹在皮革边缘。↙

接着涂上薄薄一层床面处理剂。➡

再用木制修边器抛光边缘。➡

完成！

上一步可来回处理2~3次，皮件边缘会越来越饱满平滑。⊖

边油修饰

让边缘完成度更高

边油通常适用于铬鞣制皮革，植物鞣制皮革依皮件款式可适量搭配着使用。

材料

边油笔、边油

使用边油笔蘸取适量边油，平滚于皮革切面。↓

❗ 边油笔若暂时不用，在等待的过程要将笔头浸于水中以免干掉。

❗ 打磨后再重复上边油2~3次，才会达到边缘饱满的感觉。

待涂抹的边油干燥后，使用4000号砂纸来回打磨，将不平整的部分稍微磨平。➡

完成！

上好边油的皮革边缘饱满圆润。⊖

PART

2

做自己的皮革包

未使用任何五金配件的水桶包，内层搭配藕色系羊皮，更显包包的轻盈与柔软，肩带可依个人喜好打结调整长度。

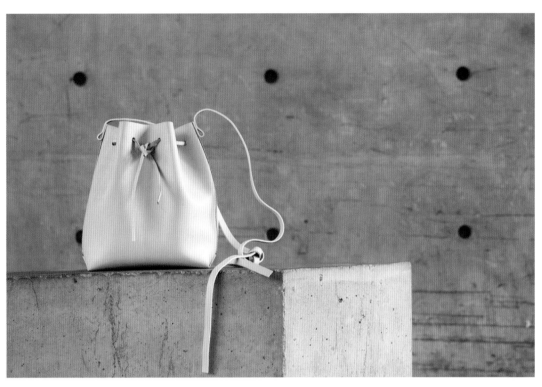

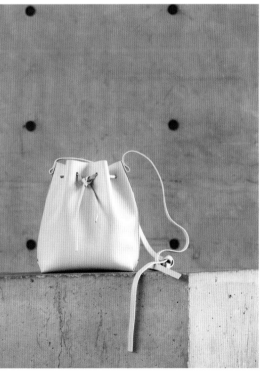

羊皮衬
水桶包

重点技法
01 边油处理方式
02 羊皮内里粘贴技巧

长37cm × 宽14cm × 高31cm

【皮革部位】

【皮革】

使用皮革：半裁／意大利米特植鞣皮（本色）
皮革尺寸：约使用6小才

【背带】

牛皮：103cm × 1.5cm／厚度2mm 1条
羊皮：103cm × 1.5cm／原有厚度 1条

【束带】

牛皮：100cm × 0.6cm 1条
羊皮：100cm × 2cm／厚度1mm 1条

【工具】

2mm菱錾（2孔、4孔）、
30号圆錾（9mm）、上胶
片（大）、边油笔、菱锥
（细）、尖锥、刀片（小）、
砂纸（3000号）、橡皮胶、
皮革用强力胶

所需版型

版型 → B面

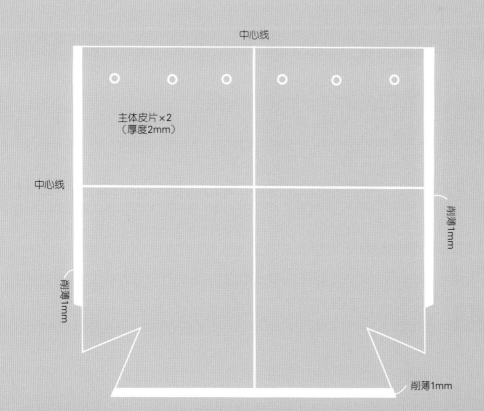

中心线

主体皮片×2
（厚度2mm）

中心线

削薄1mm

削薄1mm

削薄1mm

准备需要的皮革

依版型裁出需要的皮革。⬇

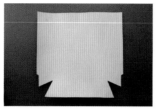

依照皮革的形状裁切下来。⬇

测量内衬所需的羊皮大小。⬇

依照版型上的圆孔标示，使用30号圆錾以9mm为间距打穿。⊖

均匀涂上橡皮胶，将皮革与羊皮内衬对贴。↗

❗ 橡皮胶因干得快，建议一区一区上胶粘贴，避免黏合不牢的状况。

皮革削薄

取其中一片包身皮革，翻到羊皮面，在距左右两个底角及下边边缘1cm宽处，用刀片轻划一道线。⬇

❗ 不可太用力，以免把皮革划断。

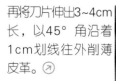

再将刀片伸出3~4cm长，以45°角沿着1cm划线往外削薄皮革。↗

侧边削薄后的样子。露出外皮底部厚度约1.2mm。⊖

准备好调好颜色的边油，使用边油笔将皮片边缘全部涂上边油，涂2~3次为佳（参考P21）。⤵

涂完一次边油待干后，使用3000号砂纸均匀打磨一次。⤵

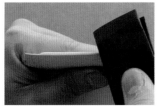

处理好的包身皮片，共两片。⤵

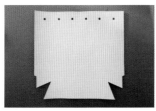

间距4mm，在两片包身皮革下方两侧斜切口边缘打孔。⤵

把底部往上方切口处拉起。⤵

对齐切口后，用小夹子夹住固定，再用尖锥沿着皮革边划上记号线。↗

摊开后，记号线以内的皮革用刀片刮粗。⤵

刮粗的部位涂上皮革用强力胶。⤵

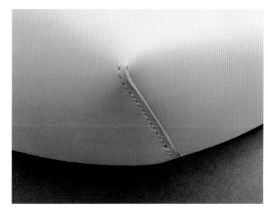

重叠贴齐后，用菱锥刺穿并缝合。⤵

边缘未削薄的包身斜切口缝合，如图。⤵

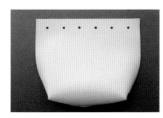

包身缝合后，左右及下方（皮包整个底部）皮革间距4mm打好孔备用。⊖

| 包身组合 |

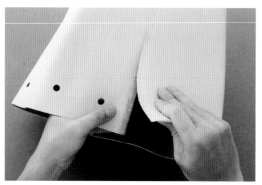

将边缘削薄的那片包身以1cm的贴合宽度，粘贴在另一片上。⊕

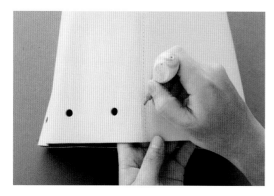

整体贴合完后，使用菱锥依照先前打好的孔——刺穿。↗

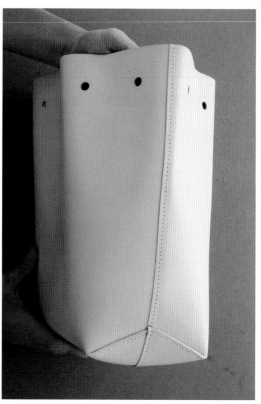

再一口气缝合起来。⊖

| 羊皮衬束带与背带 |

按材料说明准备好背带、束带牛皮条及1条宽2cm、厚1mm做对贴用的羊皮。⊛

在羊皮条背面涂上橡皮胶，分别与背带、束带牛皮条对贴。⊛

比照背带、束带牛皮条分别裁切同等宽度的羊皮条，磨边即可。⊛

背带、束带的橡皮胶干燥之后，边缘用边油封起来。↗

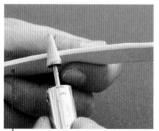

❗ 一般来说皮条都要多留一点做裁切会比较漂亮，但因为边缘要上边油封口，所以可用简单一点的做法。

背带翻折3.5cm，用2mm菱錾打好孔后，涂上皮革用强力胶贴在包包侧面的中心线上，再使用尖锥一一往包身内刺穿。⊛

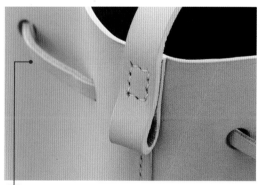

❗ 背带没有使用任何五金配件做固定，可以随意地将背带打个结，长度即可自由调整。

缝合起来。⊛

最后把束带依序穿过包口的孔，打个结就完成了。⊝

利用盒状收纳的概念设计出的真皮方包，可装相机及随身物品，非常便利。制作时尽量减少五金配件的使用，更加显现出皮革的简易设计。

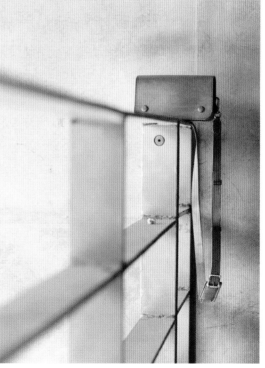

真皮方包

重点技法
01 用水将皮革边缘抛光
做出烤焦感
02 折形制作立体皮件
03 菱锥穿孔

长18cm × 宽9cm × 高9cm

【皮革部位】

【皮革】

使用皮革：半裁／约特植鞣皮（黄棕色）
皮革尺寸：约使用2.83小才

【背带】

长背带：85cm × 2cm／厚度2～2.2mm 1条
短背带：40cm × 2cm／厚度2～2.2mm 1条

【五金】

D形环：2cm 2个
活动钩：2cm 2个
固定扣：8mm 1组
皮带头：2cm 1个
磁扣：14mm 2组

【工具】

间距规、10号圆錾（3mm）、尖锥、2mm菱錾、4.5mm平凹錾、皮带錾（3mm×15mm）、8mm平凹錾、橡皮胶、皮革用强力胶

所需版型

版型 ⊖ A面

侧身×1
34cm×9.5cm
（厚度2mm）

边缘1cm削薄1.2mm厚度

前片×1
18cm×9cm
（厚度2mm）

主体×1
26.8cm×18cm
（厚度2mm）

背带连接片×2
2cm×9cm
（厚度1.6mm）

减压带皮片×1
4cm×8.9cm
（厚度1.5mm）

减压带皮片×1
4cm×8.9cm
（厚度1.5mm）

挡片×2
6cm×6cm
（厚度2mm）

D形环皮片×2
6.5cm×1.5cm
（厚度1.6mm）

包扣皮片×2
直径2.5cm（厚度0.6mm）

磁扣贴片×2
直径2.5cm（厚度1mm）

| 从主体开始 |

干布打湿，在皮革边缘涂抹，并在皮革表面边缘做推磨。⊕

将版型上的记号压印于皮革上。⊕

皮革边缘会有颜色的渐变，做出仿旧效果与立体感。↗

使用10号圆錾打孔。⊖

| 安装磁扣 |

准备前片的磁扣材料。⊕

打孔。⊕

将包扣皮片涂上皮革用强力胶包覆在磁扣上扣，粘成菊花形状。将边缘往中心点贴平整。⊕

使用4.5mm平凹錾，固定磁扣上扣。⊕

❗ 金属环状台上要再放一片软皮革做缓冲。

使用间距规划出4mm宽缝份。↗

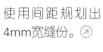

装好磁扣上扣的主体。⊖

| 前片制作 |

将版型上的记号压印于皮革上。⊕

打孔。⊕

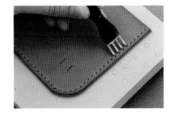

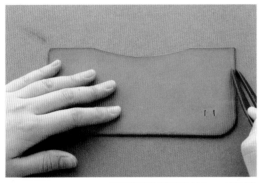

使用间距规划出4mm宽缝份。⬈

装磁扣下扣。⊕

将圆形磁扣贴片涂皮革用强力胶贴在前片背面。⊖

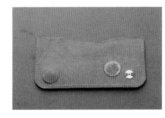

| 侧身缝制 |

使用间距规划出4mm宽缝份。⊙

D形环皮片穿过D形环后对折粘贴。⊙

打孔。⊙

将D形环皮片粘贴在离侧身边缘2.5cm处。⊙

挡片与侧身需重叠1cm粘贴，划出记号线后粘贴。⊙

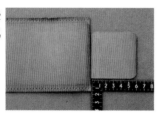

使用间距规在D形环皮片上划出4mm宽的缝份。⊙

粘贴好后，使用间距规在粘贴的宽度范围内划出4mm宽缝份。⊙

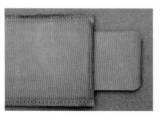

打孔。⊙

打孔。⊙

缝合。⊙

缝合。↗

注意左右两边要回缝加固。⊖

包身黏合

侧身沾湿边缘处软化半干后，在边缘4mm涂皮革用强力胶，与前片黏合。⊕

前片与侧身黏合如图。⊕

主体与侧身黏合。⊅

黏合完成如图。⊕

包身主体全部缝合。⊕

主体完成图。⊖

制作减压带

准备减压带所需皮片。使用间距规划出4mm宽缝份。⊕

打孔。⊅

边缘4mm涂皮革用强力胶（切记勿涂过），两片黏合。⊕

缝合。⊖

|完成背带|

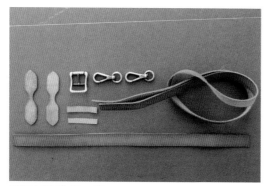

背带材料准备。⊙

背带连接片使用间距规划出4mm宽的缝份。⊙

打孔。⊙

用尖锥沿背带连接片边划出记号，将活动钩用背带连接片分别粘贴在长、短背带的一端。⊗

使用菱锥刺穿。⊙

缝合。⊙

短背带另一端距离末端3cm使用3mm×15mm皮带錾打孔。⊙

在用于制作背带环的小皮片上打孔。⊖

平缝完如图。⊙

❗ 切记缝线要绕
2~3次并拉紧。

短背带套上缝好的
背带环，装上皮带
头。⊙

使用8mm平凹錾装上固定扣。⊙

长背带末固定活
动钩的一端间距
2.5cm打调节孔。
⊙

❗ 依个人身形来调
整打孔数。

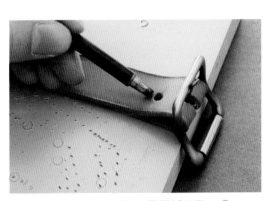

末端内折后粘贴好，用10号圆錾打孔。↗

将长、短背带连接，完成。⊖

在制作时可鞣制出个性化的皮革质感，纹理更细致，悬挂式提手支撑让包身更稳定，内层以猪皮贴制，柔软又结实。

重点技法
01 手工鞣制皮革
02 皮革翻包的技巧

拉链托特包

长43cm × 宽13cm × 高33cm

【皮革部位】

【皮革】
使用皮革：半裁／约特植鞣皮（墨绿色）
皮革尺寸：约使用7小才

【皮条】
提手：92cm × 2cm／厚度1mm、2mm
各1条
包底皮条：31cm × 2cm／厚度2mm 2条
滚边条：46cm × 2cm／厚度1mm 1条
芯线：46cm 2条

【五金】
D形环：2.5cm 8个
活动钩：2cm 4个
四合扣：1组
固定扣：8mm 4组
5号拉链：42cm 1条
5号拉链头：1个

【工具】
保养水蜡、橡皮胶、皮革用强力胶、线引器、铁尺、刀片、2mm菱錾（2孔、4孔）、8号圆錾、8mm平凹錾、10mm四合扣錾、裁皮刀、上胶片（大）、木制修边器、2号削边器、床面处理剂、磨砂棒、菱锥（小）、尖锥、双面胶（3mm宽）

所需版型

版型 ➡ C面

D形环皮片位置　　　　　　　　　　D形环皮片位置

D形环皮片×4
（厚度1.8mm）

主体皮片×2
（厚度2mm）

边缘1.5cm削薄1.2mm厚度

| 包身皮革鞣制 |

将保养水蜡以打圈的方式将裁切好的皮革面涂抹完成。

再由另一个方向对折，由上向下压揉。↓

使用手掌心将皮革片对折，由上往下压揉。↗

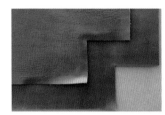

鞣制完成的皮革与未鞣制的皮革相比，皮面上压出了颗粒纹。⊖

| 粘贴猪皮内里与主体皮片 |

将猪皮一道道地依序涂上橡皮胶。↓

整体贴完后，需全部压平一次，以免气泡残留。↓

从皮革边缘依序往下粘贴。

用铁尺辅助靠着皮革边缘裁切。↓

在未完成粘贴的部分依序涂上橡皮胶。↗

上胶作业需一部分一部分地完成，以免造成胶体过快挥发而失去黏性。

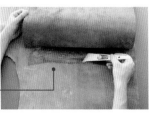

裁切时需注意不能裁切到主体皮片。↗

46

将主体版型准备好。⬇

刮粗效果如图。⬇

将版型上的记号压印于皮革上。⬇

❗ 需标出D形环记号、四合扣记号（打孔）、包底固定扣记号。

粘贴处涂上皮革用强力胶。⬇

拿出D形环皮片，使用线引器划出0.4cm宽缝份。⬇

对准先前刮粗的位置贴合好。⬇

❗ 注意开始缝合的位置需要回缝2次。

依照图片左右各划好缝份。⬇

注意中间放D形环的部分不需划缝份。❗

D形环以下用2mm菱錾打孔，缝合。⬇

将皮片对准先前做好记号的位置，用尖锥将皮片形状复制在皮包上。⬇

完成。⊖

使用刀片背部，将皮革上复制的D形环皮片形状两端刮粗。↗

❗ 刮粗可增加皮革的黏合度。

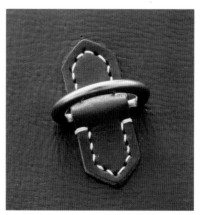

装后片四合扣

使用8号圆錾打孔。⤓

用尖锥在四角穿孔。⤓

四合扣底座。⤓

将四角绕缝。⤓

长脚底座穿过皮革盖上上盖并打合。⤓

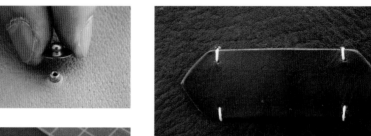

贴上装饰皮片。↗

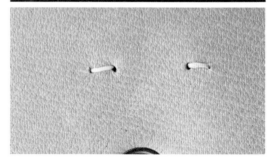

如图，正反两面完成。⊖

装前片四合扣

准备一片厚0.5mm的皮革，尺寸为1.5cm×1.5cm，使用刀片将边缘削薄。↓

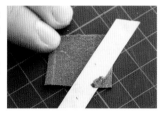

皮扣完成后穿入包身上预先打好的四合扣孔。↓

用皮革用强力胶将四合扣扣脚贴于皮片中间。↓

套上扣面。↓

用小剪刀将皮片修圆，边缘留0.5cm的宽度。↓

如图将两侧皮片往内折。↓

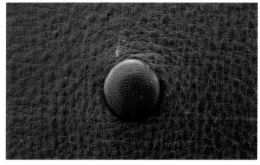

再一小褶一小褶地往内收。↗

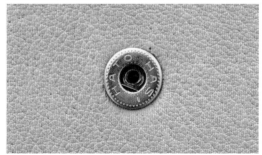

用四合扣工具打合，正反面如图示。⊖

|边缘削薄|

皮包前后片均翻到内里皮面，用尺子划出1cm的距离。

留1cm缝份打孔。 ⊙

!注意包身左右及下方三边均需做此动作。 ⊙

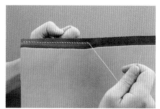

缝合。 ⊙

使用裁皮刀以45°往外削皮，削掉边缘1cm的内里皮革。 ⊙

将主体皮片边缘1cm宽度的皮面用刀片刮粗。 ⊙

三边缝合好的样子。 ⊙

!注意包身左右及下方三边都需做此动作。

在主体皮片的左右及下方1cm的宽度涂上皮革用强力胶，再把皮包前后两片对贴。 ↗

接着将左右底角开口合拢，并在边缘1cm涂上皮革用强力胶。 ↗

中心线对准后黏合。⊘

划上1cm缝份线。⊘

缝合完后将多余的皮革剪去一半。⊘　❗可减少翻包后内里皮革堆积的现象。

依序打孔。⊘　❗在靠近中间缝份的部分不能直接打穿，必须跨过后再继续打孔。

修剪完的缝份边缘涂上床面处理剂。⊘

缝合。↗

用木制修边器打磨抛光即可。⊖

翻包

将包身立起，由四个角往内压。⊙

翻包后将包包稍微塑形。⊖

以最快的速度将包身往外翻。↗

如翻包时间停留太久，会造成压痕在包身上无法去除的状况。

制作提手

提手的对贴的皮条厚度分别为1mm、2mm。⊙

再使用磨砂棒稍微轻磨。⊙

使用皮革用强力胶将两片皮条对贴。⊙

涂上少许床面处理剂。⊙

翻至厚的那片，使用2号削边器将边缘削薄。

用木制修边器打磨抛光即可。↗

！提手不对缝，所以打磨的动作要做扎实，以免以后皮条裂开。

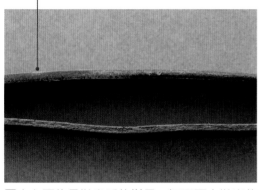

图中上面的是抛光后的样子，与下面未抛光的质感有很大差异。⊙

两面刮粗如图。⊙

将皮条分别插入包身上的 D 形环。⊙

涂上皮革用强力胶。⊙

皮条前端反折3cm。⊙

做"工"字形打孔记号，两边间距2.0cm。⊙

打孔后缝合。⊖

套入活动钩。如图，在即将贴合处两端各2cm长的位置用刀片刮粗。⊘

包底皮条

拿出31cm×2cm的包底皮条，两端1cm削去约一半的厚度。⊙

套入D形环，反折3cm。⊙

反折后拿出8号圆錾，在皮条底部往上1cm处打孔。⊙

准备固定扣。↗

将固定扣底座由包内往外穿出，再套上皮条。⊙

将固定扣上盖盖上。⊙

固定。另一端D形环也如此固定。⊙

另外一条包底皮条亦同法操作。

完成如图。⊖

缝制包口拉链

拿出滚边条，用3mm宽的双面胶整条贴满。⤓

沿着包口内侧贴齐。⤓

把滚边条对折，并用滚轮压平。⤓

打好孔的滚边条涂满皮革用强力胶后，沿着在包口上划好的0.9cm宽的记号，依序贴满整个包口。⤓

在滚边条一半的宽度用2mm菱錾打孔，完成后再将滚边条拆开，并去除里面的双面胶。⤓

内侧拉链也一并包覆起来。⤓

线引器调为0.9cm宽，在包口划一圈记号。⤓

记号至边缘的范围内用刀片刮粗。⤓

使用菱锥依照外面打好的孔往内刺穿。⤓

❗ 菱锥往内刺出时以先前打好的孔为出口，这样缝线时内外就会一样整齐。

依照刺穿好的孔，缝合起来的样子。⊖

准备好的42cm拉链。拉链布背面边缘贴上3mm宽的双面胶。↗

硬挺的棕色相机包，主体大袋前配置小袋。包内宽大的空间可放置一台类单反相机，后背式背带也可单肩背。

重点技法
01 皮革立体滚边的方法
02 如何制作结实的皮革提手

棕色相机包

长32cm × 宽17cm × 高23cm

─── 材料 ───

【皮革部位】

【皮革】

使用皮革：半裁／夫列区植鞣革（棕色）
皮革尺寸：约使用20小才

【皮条】

背带底条：26cm × 2.5cm／厚度2mm 2条
背带：97cm × 2.5cm／厚度2mm 2条
外盖装饰条：43cm × 2.5cm／厚度2mm 2条
提手：30cm × 2.3cm 1条

【滚边条】

前小袋：60cm × 2cm／厚度1mm 1条
大袋：76cm × 2.5cm／厚度1mm 1条

【袋边用皮条】

前小袋：36cm × 2cm／厚度1mm 1条
大袋：55cm × 2.5cm／厚度1mm 1条

【五金】

皮带头：2.5cm 4个
插锁：2组
磁扣：1组
方形环：2.5cm 6个
活动钩：2.5cm 4个
固定扣：8mm 24组
D形环：2cm 2个、2.5cm 2个
原子扣：10mm 4颗
塑料芯线：1包

【工具】

2mm菱錾（2孔、4孔）、6mm平錾、老虎钳、线引器、皮革用强力胶、8号圆錾、8mm平凹錾、皮带錾（小）、上胶片（小）、3cm剑形尾錾、菱锥

─── 所需版型 ───

版型 ➜ B、C面

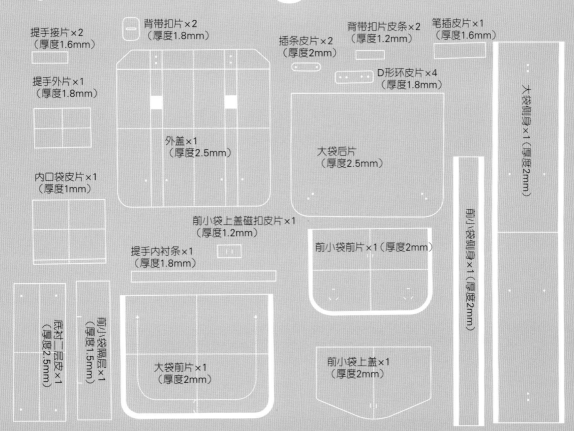

装插锁

拿出前小袋前片版型，将磁扣及插锁的位置做好记号。⊙

使用6mm平錾将皮革上记号打穿。⊘

插锁底座穿过孔。⊙

插锁构成为：锁头、衬片、底座。⊖

装磁扣

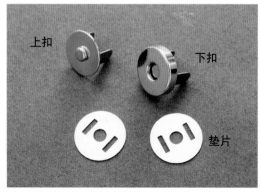

上扣　下扣　垫片

磁扣构成：上扣为薄磁扣、下扣为厚磁扣、垫片两片。⊘

将磁扣穿过预先打好孔的皮片内。⊖

翻至背面将垫片套入扣脚内，将扣脚往外扳平。⊙

滚边条制作

将线引器刻度调为1cm，如图沿前小袋前片U字形边缘划出记号。⬇

使用刀片背面沿着记号线将皮面刮粗。⬇

❗ 先将皮面刮粗可增加之后上胶的黏合度。

❗ 记得塑料芯线前端需预留1cm，尾端也留1cm。两端留出的部分不用上胶。

拿出60cm×2cm的前小袋滚边条涂满皮革用强力胶后，将塑料芯线放置在滚边条中央。依序将滚边条对折收紧。⬇

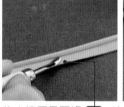
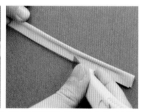

❗ 往内挤压是要将滚边条内的空气完全挤压出来，中间不可留空隙，以免滚边条制作完后会变形。

使用压插器或类似造型的棒子，将塑料芯线紧紧地往内压实。用刀片背把滚边条缝份两面刮粗。⬇

将滚边条沿着前小袋前片边缘贴齐，需使用皮革用强力胶。↗

前端1cm处剪开0.4cm的切口。将前小袋侧身依着边缘上胶贴齐。⬇

❗ 压出的线就是包包的缝份，所以必须尽量将缝份压出最多。前端滚边条切开的1cm处，需往外拉出，如图。

压插器往内挤压至触碰到塑料芯线。沿着刚刚压出的线打孔，并缝合起来。⬇

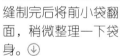

缝制完后将前小袋翻面，稍微整理一下袋身。⬇

❗ 背面接合处如图，将缝份摊开压平。

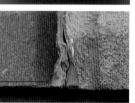

袋身上缘划出0.7cm宽距离，刮粗。拿出36cm×2cm的前小袋袋边用皮条上满胶后，对齐袋身上0.7cm间距对折贴合，再缝制起来。➖

前小袋隔层制作

拿出大袋前片版型。⊙

依照版型上的前小袋记号及隔层记号，画在大袋前片上。⊙

画好记号的部分用刀背在皮面上刮粗备用。⊙

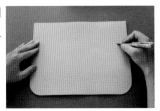

前小袋隔层两端需重叠贴合的1cm处刮粗。⊙

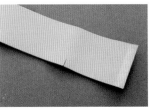

沿两端的切口记号切开1cm的小口。如图重叠1cm贴合起来。⊙

打孔并缝合。↗

将切口间的皮革往外扳。⊙

隔层与皮面黏合处需用刀片刮粗后再粘贴。⊙

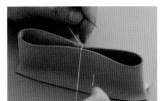

粘贴好的隔层开口处绕缝两次收口。⊙

隔层两侧边打孔，缝合固定。⊙

再套上制作好的前小袋，边缘1cm处上胶黏合。⊖

前小袋上盖制作

将前小袋上盖磁扣皮片用平錾打开两条缝。⤓

左右各打三个孔缝合固定。⤓

将磁扣上扣穿入，扣脚扳紧。⤓

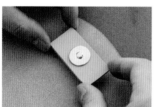

对准前小袋上盖背面磁扣贴合处黏合。↗

前小袋上盖底留1cm缝份跟袋口贴齐缝合，前小袋缝合完毕。接下来就开始制作大袋滚边条。⊖

大袋制作

大袋前片边缘滚边转角处，需紧实地贴紧，以免造成翻面时滚边条脱落。⊙

大袋侧身两边装上2.5cmD形环，用固定扣固定起来。⊙

!通常侧身底部会加上一块二层皮，增加支撑度。在这个步骤可以选择一块二层皮衬在里头，再用原子扣一起固定起来。

原子扣固定在侧身底部四个孔的位置，见版型。⊙

侧身五金组装完毕后，就可与已做好的大袋前片黏合。边缘缝合。⊙

缝制完后翻面塑形。↗

边缘0.7cm黏合处划线刮粗。⊙

拿出55cm×2cm的大袋袋边用皮条包边并缝合。⊙

整体翻包制作完成。⊙

大袋挡片有2片，以1cm的粘贴宽度贴在侧身内部，再用菱錾对齐包边边缘，往下连同挡片一起打穿。⊙

打好孔后再缝起来。⊙

包身前面部分全部完成。⊖

大袋后片制作

背带D形环固定所需材料。⏷
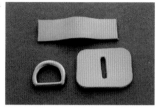

笔插皮片对折，中央上一点胶，贴在做好记号的位置。⏷

将2cmD形环套入D形环皮片内。⏷

如图打好两条孔缝合。⏷
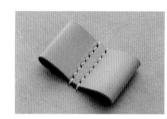

再穿过背带扣片中间的孔，直到D形环固定牢，背带扣片末端左右分开。⏷

在内口袋皮革的背面上缘1cm处压一条压痕。⏷

对齐大袋后片的记号贴起来。⏷

照着压痕往内翻折，上胶贴合。⏷

如图打孔缝合。完成在右各一组背带扣片。⏷
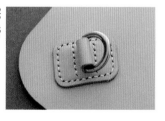

对准位置后，将内口袋距后片底边0.5cm处涂胶贴上。⏷
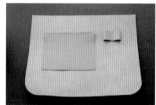

大袋后片纸型对齐皮革的内里，做好笔插及内口袋的记号。↗

缝合完成的样子。⊖

外盖与大袋后片接合

拿出外盖版型，以尖锥在皮革上压出记号。插条皮片的部分也做好记号，并用固定扣打好。↓

依外盖做好的记号线对齐后片，用皮革用强力胶贴合。↓

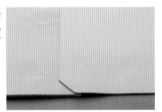

贴合好的样子。↓

贴合完后如图打一圈孔。↓

❗ 注意刚刚外盖与后片贴齐的记号线需往重叠处挪0.4cm才可以开始打孔，这样两片皮革才会打在一起。

提手内衬条套入方形环上胶贴合，放置在提手外片中间，一样上胶后包起来。↗

提手外片完整地包覆内衬条，在提手中央打一条孔并缝合。↓

❗ 注意打孔时不能整个打穿，因为皮革过厚，打一半的深度后再使用菱锥刺穿。

把两片提手接片分别穿入两边方形环，在末端上一点胶，对折固定。↓

末端0.5cm宽处稍微削薄。↓

拿出外盖，在提手位置做好记号后刮粗。↓

将提手接片上胶对准刚刚刮粗的位置粘贴。↓

拿出43cm的外盖装饰条，穿过插条皮片，在装饰条与提手接触到的地方上胶贴起来。↗

照着外盖版型的圆孔记号在装饰条末端打孔。⊙

用固定扣固定起来。⊙

装饰条与提手接触的位置（提手中心线左右两侧各2cm，总长4cm）打缝合孔。⊙

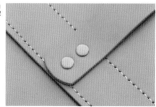

用2mm菱錾打一半的深度再使用菱锥刺穿。⊙

缝合。⊙

将大袋后片皮革要贴合的边缘0.5cm刮粗。⊘

U字形边缘上胶。⊙

拿出先前制作好的袋身前面部分，对齐袋身后片前端，贴合0.5cm宽。⊙

粘贴至中段，换另外一边。⊙

另一边也一样粘贴至中段。⊙

把包包翻至底部，对齐中心点均匀地往外贴合。⊙

❗ 遇到转角时只需将要对贴的皮革一一收拢贴合，就不会产生包体歪斜的状况。

以0.6cm宽为缝份开始打孔，最后再将包包缝合起来即可。⊖

背带及插锁制作

拿出裁切好的插锁小皮片对折，先套入皮带头。⊥

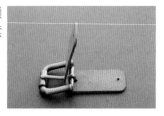

组合完成的样子。⊥

在皮带头下方约1cm处打孔。⊥

另一端翻折2.5cm装上活动钩后固定。⊥

打上固定扣后套入方形环，再装上插锁头。⊥

孔对好后用固定扣打合。⊥

上面为背带底条与皮带头衔接组合，需制作两组；下面为包包前面（即前小袋）插锁，需制作两组。⊥

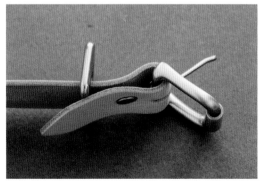

背带底条的皮带头组合制作：拿出26cm皮带底条，一端翻折4.5cm，如图先用一组固定扣固定皮带头，把方形环套入后，再打上固定扣。↗

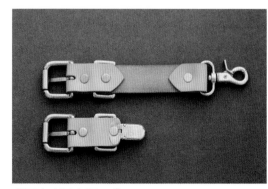

背面完成示意图。⊖

| 包包插锁测量 |

拉至外盖与侧身最贴合的状态。

将皮条插锁插入包身前面已装上的插锁扣环里，再把前方的外盖装饰条套入皮带头后往下拉。⤓

确定位置后，在皮带头下方的装饰条上做打孔记号。把皮带头退出，用8号圆錾打孔。⤓

左右皮条位置需对称，以免造成包包歪斜的现象。

组装完，依个人喜好在皮带头下方多打一两个孔作为装饰。↗

最后皮带尾可用剑形尾錾打出一个好看的形状。⤓

97cm背带有两条，前端一样翻折2.5cm，套入活动钩后固定就完成了。⊖

立体的侧身设计，可以让名片舒服地躺在里面，不会因为挤压而变形；外层的卡片隔层可放置各种卡片，让人能轻松带着出门。

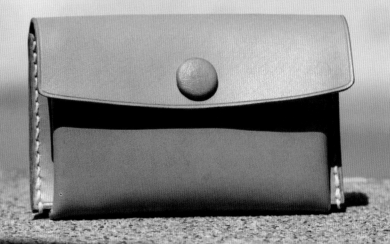

名片夹

重点技法

01 包扣制作技巧

02 立体侧身制作

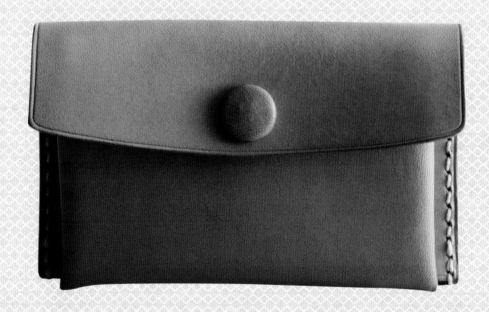

长11cm × 宽2.5cm × 高7cm

【皮革部位】

【皮革】
使用皮革：半裁／夫烈区植鞣皮（黄棕色）
皮革尺寸：约使用0.54小才

【五金】
四合扣：12mm 1组

【工具】
4mm菱錾（4孔、2孔、单孔）、
10号圆錾（3mm）、12mm四合
扣錾、尖锥、线引器、上胶片、
丸针、线、线蜡、床面处理剂、
木制修边器、砂纸、钢尺

所需版型

版型 ⊕ A面

10号圆錾（3mm）

10号圆錾（3mm）

上盖（A）×1
10.8cm×10.1cm
（厚度1.4mm）

主体（B）×1
12.8cm×17.3cm
（厚度1.4mm）

包扣（C）×1
直径2.1cm
（厚度0.6mm）

| 打制扣子所需的孔 |

在上盖皮片A的弧形端，于边缘中心点往内1cm处打孔。 ↪

在主体皮片B较长的一侧，于边缘中心点往内1.2cm处打孔。 ⊖

| 上盖及主体黏合 |

在上盖皮片A的左右两侧，由下往上（弧形端为上）刮粗6cm，宽度0.4cm。 ↓

在主体皮片B较短的一侧，于两侧边上胶，宽度0.4cm。 ↓

在上盖皮片A刮粗的部分上胶。 ↗

将上盖皮片A和主体皮片B对齐黏合，对齐方向如图所示。 ↗

包扣制作

准备好包扣皮片C
以及扣子上盖。⊙

在包扣皮片C及金
属扣面上涂满胶。
⊙

❗ 胶涂薄薄一层
即可。

将四合扣粘贴于包
扣皮片C的中心。
⤴

❗ 皮革用强力胶于半干的时
候黏性较强,因此上完胶
后需放置3～5分钟再进行粘
贴。

用尖锥将包扣皮片包
覆于四合扣上。⊙

❗ 使用尖锥以固定的
间距,将皮片折
入。

将包覆好的包扣内
侧压制平整。⊖

安装包扣

将包扣安装于上盖
皮片A的孔中。➤

❗ 安装包扣需要垫一层薄的
皮片,避免安装时扣面受
到损伤。

将四合扣的下扣安
装于主体皮片B的
孔中。⊖

| 主体打孔、缝合 |

用线引器在主体皮片B较长那部分的两侧，以及A-B重叠处的两侧划上0.4cm的缝份。⊕

记号线内的皮革床面部分用水打湿。⊕

在主体皮片B较长那部分的两侧往内2.5cm处用尖锥划一条记号线。⊕

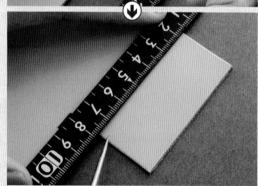

将打湿部分向外弯折，如图所示。⊕

在A-B重叠处的缝份部分上胶。⊕

在主体皮片B的缝份部分上胶。⊅

在0.4cm缝份处使用4mm菱錾打孔。⊅

❗主体皮片B以及A-B重叠处的孔数需一致，在A-B重叠处的上缘可用尖锥多打一个缝孔来加强。

修饰边缘

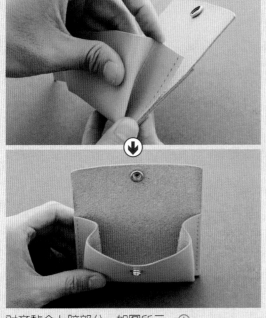

使用砂纸、木制修边器及床面处理剂修饰边缘即完成。⊖

对齐黏合上胶部分，如图所示。⊕

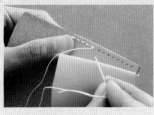

缝合主体左右两侧。⊖

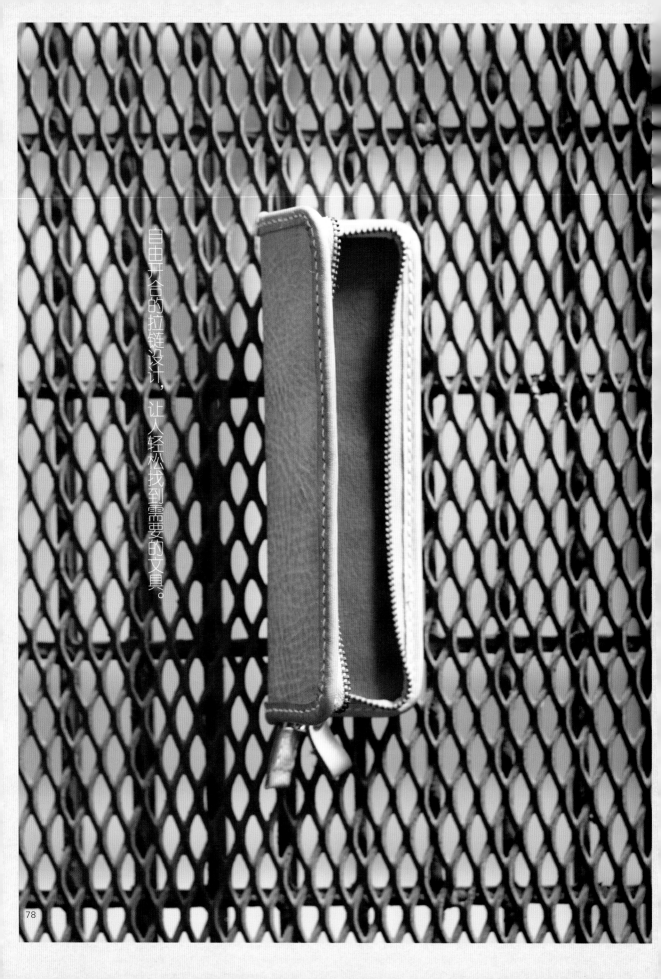

自由开合的拉链设计，让人轻松找到需要的文具。

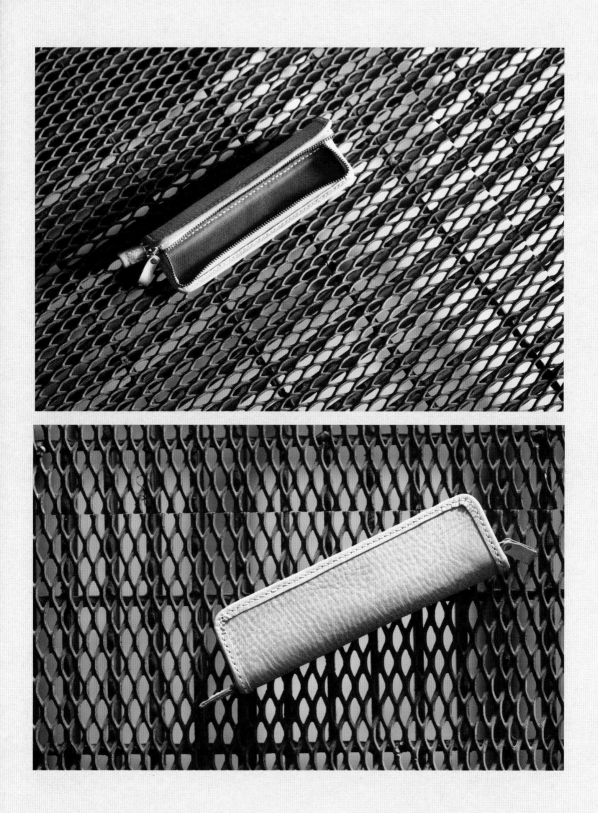

番外篇

笔袋

◇◇◇◇◇◇◇◇◇◇◇◇◇◇◇◇◇◇◇◇◇◇◇◇◇◇◇◇◇◇◇◇◇◇◇◇◇◇◇

重点技法

01 拉链的粘贴方式及弯角处理

02 包边制作

长19cm × 宽2cm × 高5.5cm

材料

【皮革部位】

【皮革】
使用皮革：半裁／耶格拉植鞣皮（本色）
皮革尺寸：约使用0.57小才

使用皮革：全裁／猪面皮咖啡色
皮革尺寸：约使用0.44小才

【包边皮条】
32cm × 1.8cm／厚度0.8mm 2条

【五金】
3号拉链：32cm 1条
3号拉链头：1个
固定扣：8mm 1组

【工具】
4mm菱錾（4孔、2孔、单孔）、
菱锥、线引器、上胶片、10号圆
錾（3mm）、平凹錾、丸针、
线、线蜡、木制修边器、虎头
钳、平口钳、尖锥、美工刀、钢
尺

所需版型

版型 ➔ A面

主体（C）×1
19cm ×12cm
（厚度2mm）

10号圆錾（3mm）

拉链片（E）×1
5.5cm×1cm
（厚度1.2mm）

拉链收尾皮片×1
5cm×2cm
（厚度1.2mm）

包边条（D）×2
32cm×1.8cm
（厚度0.8mm）

猪皮内里（A）×2
19cm×5.5cm
（厚度1mm）

猪皮内里（B）×1
19cm×3.6cm
（厚度1mm）

81

内里制作

在猪皮内里A1、A2床面的底部（圆弧角端为上）画线，分别画于距边缘0.8cm及1.6cm处。⤓

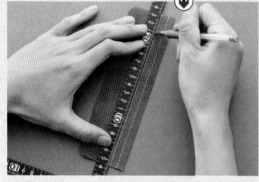

在猪皮内里B较短的两侧画线，分别画于距边缘0.8cm及1.6cm处。⤓

在猪皮内里B画线的两侧上胶。↗

上胶处内折粘贴于1.6cm处，如图所示。⤓

在猪皮内里A1、A2画线处上胶。⤓

在猪皮内里A1、A2画线处上胶。⤓

上胶处内折粘贴于1.6cm处，如图所示。⤓

内里粘贴完成。⤓

在猪皮内里B较长的两侧画线，宽度0.8cm。↗

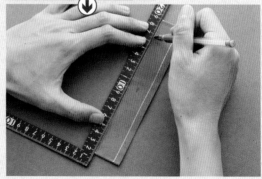

在猪皮内里B画线的部分上胶。⊙

于缝份位置打孔缝合。⊙

将猪皮内里A1、A2分别粘贴于猪皮内里B的两侧。⊙

用线引器在猪皮内里A1、A2的粘贴部分划0.4cm的缝份。⊘

内里制作完成。⊖

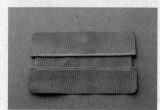

| 主体及内里黏合 |

主体皮片C及内里床面部分整面上胶。⊙

因内里B比A1、A2短，配合内里的形状，外皮对应内里B的部位两侧空出的部分不上胶。

对齐一侧开始黏合。⊘

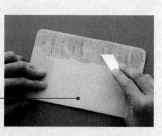

稍微将主体皮片C折弯，内里沿着外皮弧度黏合。⊙

笔袋合上时，外层会比内里多出一些，用折弯的方式黏合可以让内里更平顺。⊖

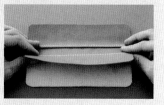

拉链及包边制作

准备一条32cm的拉链，将头尾各拔掉6对拉链齿。⊙

将上止端的拉链布2cm范围内涂上胶。⊙

用打火机烧一下毛边的部分。⊙

将涂胶的部分折叠黏合，如图所示。⊙

使用尖嘴钳或平口钳安装上止。⊙

拉链齿尖端的方向朝上，为上止端。❗

将黏合完成的主体拿出，并使用美工刀将内里外围刮粗一圈，刮粗宽度为0.3cm。⊙

将内里刮粗部分上胶。⊙

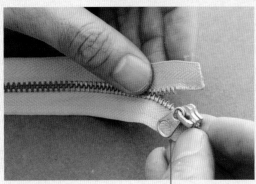

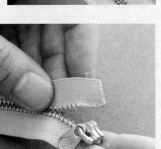

将拉链头顺着拉链布由底部往上安装。⊙

要注意拉链头和拉链齿的方向，如图所示。❗

拉链布两侧上胶，上胶范围如图所示。⊙

使用尖嘴钳或平口钳安装下止。↗

将拉链先分开。↗

将刮粗的范围上胶。⊕

将拉链上止端的拉链布对齐猪皮内里A的底部黏合。⊕

❗转弯的部分顺着主体的外围粘贴，无须特别拉扯拉链布。

将包边条D的床面部分整面上胶。⊕

黏合完成如图所示。⊕

将包边条D沿着主体皮片C的记号线开始黏合，先黏合直线部分。⊕

将主体皮片C外围用尖锥划一圈记号线，宽度为0.6cm。⊕

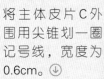

将记号线的外围用美工刀刮粗。↗

转弯处用尖锥一小褶一小褶地往内收。⊖

主体打孔、缝合

使用线引器在包边完成的主体上划0.3cm的缝份。⊕

使用4mm菱錾在缝份记号线上打缝孔。↗

❗ 此部分的皮革较厚，使用4mm菱錾打穿容易造成缝孔过大影响美观，因此4mm菱錾只需打出缝孔的形状即可，无须打穿。

使用菱锥将每个缝孔刺穿。⊕

❗ 刺穿时要注意菱锥和缝孔的方向须一致，并且以垂直的角度进行刺穿。

将主体、内里、拉链、包边条一起缝合。⊕

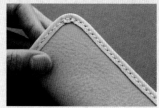

缝合完成如图所示。⊖

拉链片

使用10号圆錾在拉链片E两端距边缘0.8cm处打孔。➔

使用平凹錾安装固定扣。⊕

安装完成如图所示。↗

使用线引器在拉链收尾皮片F外围划上0.4cm的缝份。⬇

! 皮片中间1cm不需划缝份。

使用4mm菱錾在拉链收尾皮片F上打制缝孔。⬇

! 由于之后拉链收尾皮片F会直接对折黏合在拉链布上并缝合，因此缝孔的位置必须上下对称。

在拉链下止端的拉链布两侧0.8cm范围内上胶，上胶位置如图所示。⬇

将拉链布两侧往内粘贴至0.8cm处。↗

将拉链收尾皮片的一半上胶，上胶范围如图。⬇

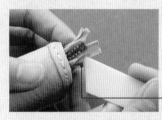

将拉链下止端的拉链布从尾端开始往上涂胶2cm。⬇

! 拉链布两面都要涂胶。

将拉链收尾皮片F对齐拉链布上胶的部分粘贴。⬇

将拉链收尾皮片F的另外一半上胶。⬇

将拉链收尾皮片F对折粘贴。⬇

拉链收尾皮片F和拉链一起缝合，完成。⊖

折纸般的造型设计别有趣味，实用的容量便于收纳。拉链部分加上了衬条，使包型更为硬挺。翻包之后请细心调整外形，让包体呈现完美的长方体造型！

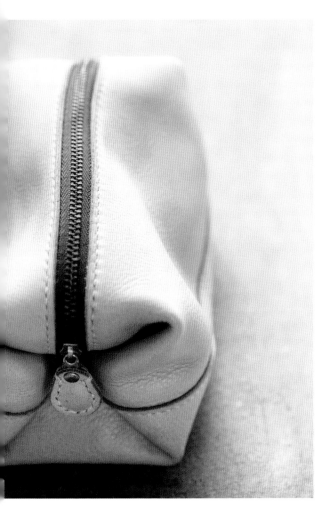

软皮盥洗包

重点技法
让拉链更硬挺好用的衬条设计

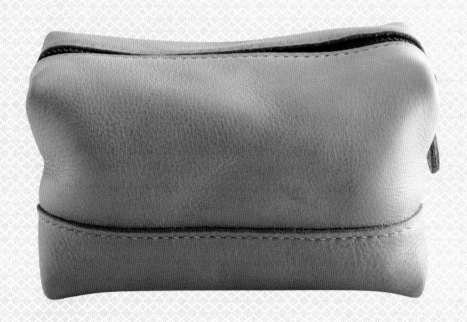

长18cm × 宽8.5cm × 高8.5cm

【皮革部位】

【皮革】

使用皮革：半裁／伊萨软植鞣皮原色
皮革尺寸：约使用1.62小才

【拉链衬条】

1cm × 25.6cm／厚度1.6mm 2条

【五金】

3号拉链：27cm 1条
3号拉链头：1个
固定扣：6mm 1组

【工具】

4mm菱錾（4孔、6孔、2孔、单孔）、菱锥（细）、10号圆錾（3mm）、6mm平凹錾、木槌、胶板、切割垫、裁皮刀或美工刀、切割用直尺、线引器、木制修边器、磨砂片或研磨器、麻线、线蜡、丸针、万用环状台、双面胶、皮革用强力胶或白胶、皮革保养蜜蜡、床面处理剂、棉布、上胶片、去胶片、平口钳

所需版型

版型 ⊖ A面

侧边（A）×2
27.2cm×9.8cm
（厚度1.6mm）

包边片（D）×2
8.4cm×2.8cm
（厚度1.6mm）

拉链片（E）×2
（厚度1.6mm）

底部（B）×1
27.2cm×14.9cm
（厚度1.6mm）

拉链衬条（C）×2
25.6cm×1cm（厚度1.6mm）

| 主体接合 |

用4mm菱錾（4孔、6孔、2孔、单孔）、菱锥将侧边A及底部B的侧边都依照版型所示画出记号。↓

在侧边A离记号处较远的一侧长边用锥子划出距边缘0.6cm的记号线。↓

以美工刀或研磨器刮粗记号线以外的范围，并涂上皮革用强力胶。↗

在底部B的床面划出距边缘0.6cm的记号线，刮粗后涂上皮革用强力胶。↓

将底部B正面朝上粘贴在两片侧边A之上，重叠部分宽为0.6cm。⊖

| 拉链组装 |

准备一条27cm长的3号拉链，将其头尾部分的拉链布稍微用打火机烧一下，以免拔拉链齿时脱线。↓

用平口钳夹住拉链齿中央，稍微用力夹紧，使拉链齿变形后拔下。↗

如图所示，拔掉两侧各约0.8cm的拉链齿即可。↓

将拉链对折，在中点处用剪刀剪掉一个小角，标示出中点的位置。↗

将0.3cm宽的双面胶粘贴在拉链布的两边靠外侧的位置，以不超过拉链布边缘线为准。⬇

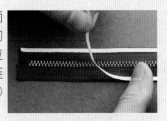

粘贴完拉链衬条C后，背面整体的形状如图。⬇

将拉链撕开，并将双面胶外层撕下。将拉链的中点与侧边的中点对齐。⬇

翻回正面，以线引器在侧边A及底部B的边缘划上0.3cm宽的边线，共4条。⬇

由中点开始粘贴拉链，皮革的边缘对齐拉链布上的第二条线（约距离拉链齿0.5cm）。⬇

用4mm菱錾打出缝孔，上下两端约0.8cm不打孔。⬇

粘贴完毕后整体的效果如图。⬇

不需回缝，将侧边A、底部B及拉链缝合。⬇

翻至背面，再粘贴一条双面胶至拉链的背面，同样以不超过边缘线为准。⬇

主体及拉链缝合完毕如图。⊖

将双面胶撕下，将拉链衬条C的中点与拉链布中点对齐，粘贴时拉链衬条C同样对齐拉链布的第二条线。↗

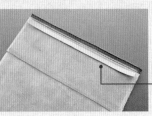

❗ 衬条的设计可以让包包拉链处更为硬挺，也会更好开合。

| 包体成形 |

在包体的左右两侧划上距边缘0.8cm的记号线。⤓

用美工刀或研磨器刮粗记号线以外的皮革表面。⤓

在刮粗部分从拉链开始往内约7.5cm范围均匀上胶。⤓

以纸型上第一个对折记号处为对折的基准点，将拉链侧往皮革中间折入并粘贴结实。⤓

可使用长尾夹帮助固定，以免皮革在胶尚未凝固时再次分开。

可先上胶贴合其中一边后，再上胶贴合另外一边。↗

贴合完毕如图。⤓

将包体翻至背面，同样用美工刀或研磨器刮粗0.8cm宽度。⤓

将刮粗的部分从上下两边往中间涂上约8.5cm长的胶。将上下两边往床面折入对齐第二个记号点并粘贴结实。⤓

贴合时边缘对齐第二个记号点，由皮面看的视角如图。⤓

贴合完毕如图。⤓

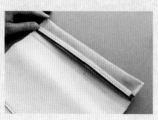

将包体翻至正面，将所有刮粗的部分都均匀上胶。↗

再次将上下两边往中央对折，对折时以第二个记号点为折线的基准，且两边应刚好抵在一起。⬇

贴合完毕如图。⬇

将拉链头按图示方向套在拉链上。⬇

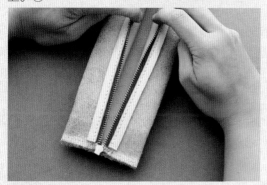

❗ 仔细观察拉链齿，有尖突的方向为拉链的上方。拉链头应由无尖突的下方装入，且拉链头应该是背面向上的。

用美工刀或研磨器将包体两端的前后两面皆刮粗0.8cm的宽度，并均匀上胶。注意包体侧面也要上胶。⬇

将包边片的床面全部上胶，从包体有拉链的一侧开始贴合。包边片的边缘要对齐拉链衬条C的尾端。↗

如图所示，将包边片D继续粘贴至包体的下面。⬇

在包边片D距边缘约0.5cm处划上边线。⬇

先用4mm菱錾压出缝孔的记号，再用菱錾打孔。注意不需打穿皮革层，约打入皮革一半的厚度即可拔出。⬇

❗ 当需要在较厚的皮革上打制缝孔时，若直接将菱錾打穿皮革，会难以将菱錾拔起，故通常不会直接打穿皮革，而是用菱錾先做出缝孔记号，再使用菱锥贯穿缝孔。

用菱锥垂直扎透所有缝孔。要检查菱锥从背面穿出的位置是否能连成直线。⬇

将包体两端缝合完毕如图。⊖

❗ 在缝制较厚的皮革时，若丸针难以用手拉出，可使用钳子辅助拉针。需注意拉针的方向要垂直于皮面，以免将针或线扯断。可使用较粗的线以增加缝制强度。

| 翻包 |

首先从拉链中央将包体翻开。⊗

继续小心地翻出包体另一端。⊗

先翻出包体的一端，注意不可在包边处的中间太用力，以免皮革变形或缝线断裂。⊗

将两端包体翻出如图，再开始调整细节部位。⊗

翻包完成如图。注意需将包体的每个角落都调整到位。⊗

继续将包体的一端翻出。⊗

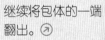

最佳完成效果是不论从哪一面看都能呈现包体方正的状态。⊖

缝制拉链片

准备两片拉链片 E。⬇

用锥子将有弹性的棉花塞入两层拉链片的中间。⬇

将两片拉链片 E 圆孔以下的边缘涂上约0.3cm宽度的胶。⬇

填充棉花完毕如图，拉链片呈现圆润可爱的质感。⬇

将两片拉链片 E 贴合如图。⬇

将拉链头的金属片套入拉链片之中。⬇

在圆孔以下的边缘划上0.3cm宽的边线，并用菱錾打出缝孔，转弯处以单孔錾沿着圆弧的切线方向打孔。⬇

装入固定扣，用平凹錾在固定扣的盖面上敲打至固定扣的另一面呈现平坦状。⬇

拉链片缝合完毕如图。↗

如此即完成软皮盥洗包的制作了！—

复古且硬挺的外形，能适用于各种场合，宽厚的包底与口金的配合，让放取物品更容易。

口金医生包

重要技法

01 口金制作技巧
02 立体包底制作

长27cm × 宽13.5cm × 高25.5cm

【皮革部位】

【皮革】
使用皮革：半裁／约特植鞣皮（红色）
皮革尺寸：约使用6.6小才

【皮条】
包底侧边皮片（E）：39cm × 2cm ／
厚度2mm 2条
背带（长边K）：75cm × 2cm ／厚度
2.4mm 1条
背带（短边L）：53.5cm × 2cm ／厚
度2.4mm 1条

【五金】
口金：内径23cm，宽6cm 1组
磁扣：15mm 1组
平面螺丝：0.8cm 2组
D形环：2cm 2个
皮带头：2cm 1个
活动钩：2cm 2个

【工具】
4mm菱錾（4孔、2孔、单孔）、
6mm平錾、菱锥、尖锥、线引器、8
号圆錾、上胶片、丸针、线、线蜡、
床面处理剂、木制修边器、平口钳、
钢尺、砂纸（400号）、美工刀

版型 ➲ C、D面

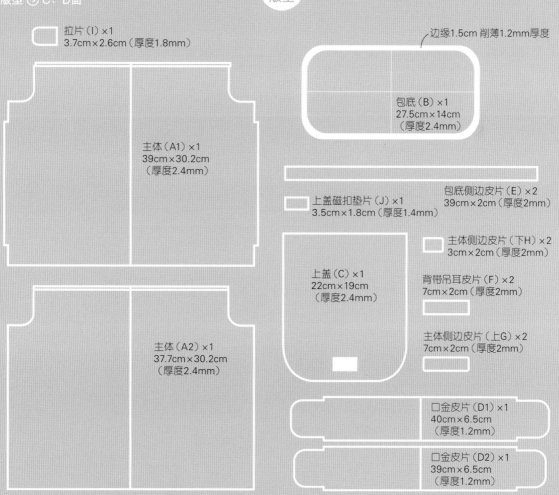

拉片（I）×1
3.7cm×2.6cm（厚度1.8mm）

边缘1.5cm 削薄1.2mm厚度

包底（B）×1
27.5cm×14cm
（厚度2.4mm）

主体（A1）×1
39cm×30.2cm
（厚度2.4mm）

上盖磁扣垫片（J）×1
3.5cm×1.8cm（厚度1.4mm）

包底侧边皮片（E）×2
39cm×2cm（厚度2mm）

主体侧边皮片（下H）×2
3cm×2cm（厚度2mm）

上盖（C）×1
22cm×19cm
（厚度2.4mm）

背带吊耳皮片（F）×2
7cm×2cm（厚度2mm）

主体侧边皮片（上G）×2
7cm×2cm（厚度2mm）

主体（A2）×1
37.7cm×30.2cm
（厚度2.4mm）

口金皮片（D1）×1
40cm×6.5cm
（厚度1.2mm）

口金皮片（D2）×1
39cm×6.5cm
（厚度1.2mm）

|主体准备工作|

使用线引器在主
体皮片A1四边直
线处划上0.4cm的
缝份；主体皮片
A2则是上下各划
0.4cm的缝份。⊕

从中心点开始打制缝孔，有利于之后和口金部
分对位缝合。❗

使用尖锥在主体皮片A1下边中心点往上7cm做
磁扣位置的记号点。⊕

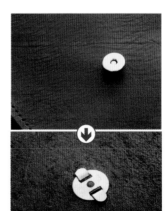

❗可先使用磁扣
的脚在皮片上
压出记号，以便用
平錾打孔。

使用6mm平錾在
记号点两侧各打上
安装磁扣的孔。⊕

使用4mm菱錾在缝份处打制缝孔，注意主体皮
片A1、A2上边的缝孔必须由中心点往两旁打。
⊕

主体皮片A1缝孔
打制完成，如图所
示。⊕

主体皮片A2缝孔
打制完成，如图
所示。↗

安装磁扣下扣。
⊖

| 背带吊耳制作 |

使用线引器或尖锥在两个背带吊耳皮片F上各划一个边长1.2cm的正方形。⤵

使用菱錾在正方形的记号线上打制缝孔。⤵

将两个D形环分别套入两个背带吊耳皮片。⤵

在背带吊耳皮片的床面部分上胶。⤵

 注意胶不要粘到D形环。

将背带吊耳皮片各自对折黏合，并使用床面处理剂将边缘磨至滑顺。⤵

将背带吊耳皮片未打孔的一侧用美工刀刮粗距边缘2cm长的范围。↗

使用尖锥在主体皮片A2上边中心点往左右各6cm、往下1.7cm处做背带吊耳位置的记号。⤵

❗另一个背带吊耳的右下角对齐左边的记号点。

将一个背带吊耳的左下角对齐主体皮片A2右边的记号点，并用尖锥描绘背带吊耳下半部的形状。⤵

使用美工刀将描绘的范围刮粗。⤵

将背带吊耳以及主体皮片A2刮粗的部分上胶、黏合。⤵

用菱锥将背带吊耳上的缝孔连同主体一起戳穿。➡

将背带吊耳缝合，完成效果如图所示。➖

主体制作

将主体皮片A1左侧凸出部分叠放在主体皮片A2右侧上面，并用尖锥描绘形状。⊕

使用美工刀将描绘的范围刮粗。⊕

将刮粗的部分上胶并与主体A1黏合。⊕

使用菱锥将主体皮片A1上的缝孔连同主体皮片A2一起戳穿。⊕

将主体皮片A1-A2侧边缝合。⊕

另外一侧方法亦同，完成如图所示。⊘

将主体侧边皮片（上）G1、G2取出，并使用线引器由边缘中心点往下0.5cm划0.4cm的缝份。⊕

使用线引器在主体侧边皮片（下）H1、H2上划0.4cm的缝份。⊕

使用菱錾在缝份处打制缝孔。⊕

完成如图所示。⊕

❗ 装饰线缝两针即可，目的是方便主体与底部的接合。

在主体侧边皮片（下）H1、H2上缝制装饰线。⊘

将主体侧边皮片（下）H1、H2对齐主体皮片A1-A2两侧缝合处的下缘，并使用尖锥描绘轮廓。⤓

使用美工刀将描绘的范围刮粗。⤓

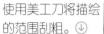

❗ 装饰线涵盖的范围先不上胶，等底部和主体缝合后再黏合。

将刮粗部分的上半部上胶。⤓

将主体侧边皮片（下）H1、H2粘贴至主体皮片A1-A2缝合处的下缘。⤓

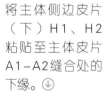

使用菱锥将主体侧边皮片（下）H1、H2的缝孔连同主体一起戳穿并缝合。↗

将主体侧边皮片（上）G1、G2对齐主体皮片A1-A2两侧缝合处的上缘，并使用尖锥描绘轮廓。⤓

使用美工刀将描绘的范围刮粗。⤓

将刮粗部分上胶并黏合。⤓

❗ 主体侧边皮片（上）G1、G2要整片上胶，对折将主体侧边上缘包覆住。

使用菱锥将主体侧边皮片（上）G1、G2的缝孔连同主体一起戳穿并缝合。⊖

❗ 装饰线部分不用戳穿，只需戳穿其余缝孔以及装饰线最上端的缝孔。

| 上盖制作 |

使用线引器在上盖磁扣垫片J的两个短边划上0.4cm的缝份。⬇

使用尖锥在皮片J中心点做磁扣位置的记号点。⬇

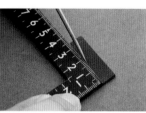

❗ 可先使用磁扣的脚在皮片上压出记号，以使用6mm平錾打孔。

使用6mm平錾在记号点两侧各打上安装磁扣的孔。⬇

安装磁扣的上扣。↗

使用菱錾在缝份处打制缝孔。⬇

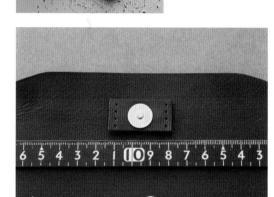

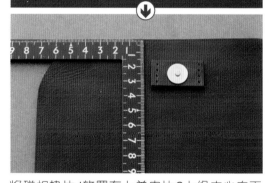

将磁扣垫片J放置在上盖皮片C上缘中心向下1.5cm处。⬇

使用尖锥在磁扣垫片J的缝孔上下做记号于上盖皮片C上。↗

使用尖锥沿着上盖皮片C的记号划出缝份。⊕

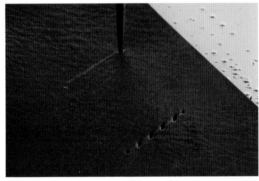

使用菱錾打制缝孔。⊕ ❗ 缝线的头尾两端可以用尖锥打出较小的缝孔，让缝线的末端更美观。

将磁扣垫片J的床面部分上胶。⊕

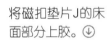

对齐上盖皮片C的缝孔，将磁扣垫片J粘贴并缝合。↗

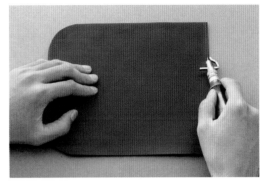

使用线引器在上盖皮片C方角一侧绘制0.4cm的缝份。⊕

使用尖锥在缝份线上做中心点记号。⊕

使用菱錾由中心点往两旁打制缝孔。⊖

| 包底制作 |

使用美工刀将包底B外围刮粗一圈（宽度0.4cm）。

将包底B四个边的中心点画上记号。

使用美工刀将包底侧边皮片E1、E2其中一侧刮粗（宽度0.4cm）。

将包底侧边皮片E1、E2画上中心线。

将包底B刮粗部分上胶。

将包底侧边皮片E1、E2刮粗部分上胶。↗

将包底侧边皮片E1、E2和包底B黏合。

❗ 包底和侧边皮片的中心点要对齐，由中心往外黏合。

转弯处稍微将包底B往外翻折，包底侧边皮片即可顺着边缘贴合。粘贴完成如图所示。

使用海绵蘸水，将转弯部分打湿，使其较容易摊平，以便于划缝份及打缝孔。

用线引器在包底侧边皮片和包底黏合处划0.4cm的缝份。

由距离侧边皮片接缝处一针的位置处开始打制缝孔。

将包底和包底侧边皮片缝合。缝合完成如图所示。⊖

主体与包底接合

将包底侧边皮片整圈上胶0.5cm宽（主体的下面也需整圈上胶0.5cm宽），如图所示。⊕

将包底短边的中心点对齐主体侧边的接缝处黏合。⊕

整圈顺着边缘贴齐即可，左右两端可用夹子辅助固定。↗

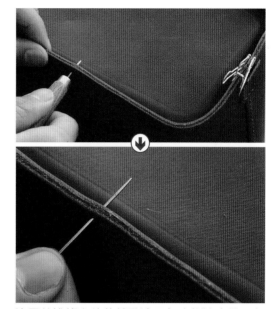

使用菱锥将主体的缝孔连同包底侧边皮片一起戳穿并缝合。⊕

将主体侧边皮片（下）H1、H2缝装饰线的部分上胶，并粘贴在主体上。⊕

涂抹床面处理剂，将包底及主体的接缝处用木制修边器打磨至滑顺。⊖

口金制作

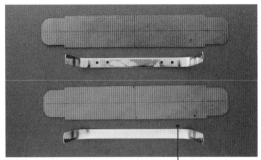

将口金皮片D1、D2床面部分画上十字中心线，并在上面注明外层皮片（D1）和内层皮片（D2）。⤵

> **！** 外层皮片比内层皮片长，外层皮片对应有孔的口金。

将口金皮片D1、D2各自对折。⤵

使用400号砂纸将口金全部打磨粗糙。⤵

> **！** 粗糙的表面有利于和皮革黏合。

> **！** 只需选一侧来划缝份。

用线引器在口金皮片D1、D2上划0.4cm的缝份。⤵

在口金的中心画上记号线。⤵

> **！** 口金皮片有缝孔的那侧为外侧，所以须将其与口金外侧先黏合。

使用菱錾从中心点往两侧打制缝孔。⤵

> **！** 从中心点开始打制缝孔有利于之后和主体对位缝合。

将口金皮片D1、D2整片上胶。⤵

打完缝孔如图所示。⤵

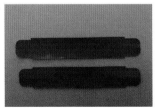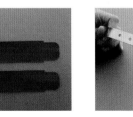

将口金外侧涂上皮革用强力胶。⤵

> **！**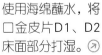

使用海绵蘸水，将口金皮片D1、D2床面部分打湿。↗

将口金中心对齐口金皮片的中心黏合，注意要先将口金外侧贴在有缝孔的那侧。↗

将口金内侧涂上皮革用强力胶。⊕

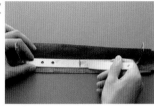

将皮片两侧与口金黏合。⊕

! 由中心往外黏合，可以减少转弯处造成的褶皱。

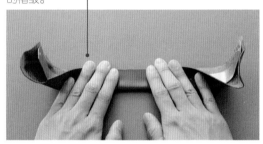

将口金皮片D1、D2对折黏合。⊕

使用滚轮将口金直线部分和转弯部分的皮片压制平整。⊕

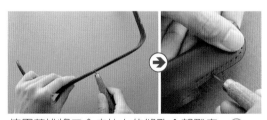

使用菱锥将口金皮片上的缝孔全部戳穿。↗

! 稍微用手指按压即可找到位置。

使用笔盖或圆錾找出口金两端的孔。⊕

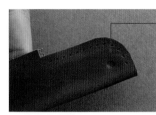

使用圆錾将孔打穿。内外层口金与包体缝合后，须用平面螺丝通过此孔来固定。⊕

缝合口金两端弯曲的部分。⊕

缝合完成，如图所示。⊕

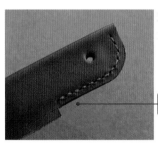

! 口金的四个端点都要缝合。

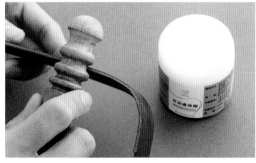

使用木制修边器及床面处理剂将边缘打磨至滑顺。⊖

主体与口金接合

使用线引器在拉片I上绘制0.4cm的缝份。⬇

使用尖锥在缝份线上做中心点记号。⬇

使用菱錾由中心点往两旁打制缝孔。⬇

将主体皮片A1上边中心点周围刮粗并上胶，刮粗范围与拉片宽度一样即可。⬇

将拉片I中心点对齐主体皮片A1上边中心点黏合。⬇

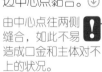 由中心点往两侧缝合，如此不易造成口金和主体对不上的状况。

将拉片I、主体A1、口金皮片D1缝合。↗

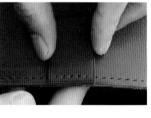

缝合完成如图所示。⬇

将上盖C的中心点对齐口金皮片D2的中心点，并用尖锥点出上盖和口金重叠的范围。⬇

使用美工刀将上盖和口金重叠的范围刮粗，如图所示。⬇

将刮粗部分上胶。⬇

 可以使用缝针或尖锥穿过缝孔来定位。
将上盖C的中心点对齐口金皮片D2的中心点黏合。⬇

将上盖C、主体A2、口金皮片D2缝合。⊖

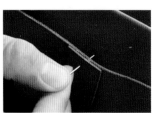 由中心点往两侧缝合。

背带制作

拿出背带短边L，任选一端，在距离末端边缘4cm处打制皮带孔。⊙

在皮带孔的两端各1cm处用菱錾打制缝孔。⊙

装上皮带头。⊙

将安装皮带头那端的皮片缝合，将皮带头固定。⬀

缝合完成如图所示。⊙

另一侧安装活动钩。⊙

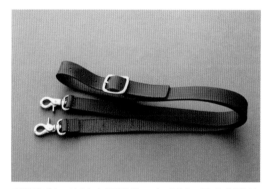

背带长边K也装上活动钩，与短边L用皮带头连接。背带完成，如图所示。⊖

实用大书包侧背设计款，打开有实用的分层设计，内有笔插与卡层，可放平板电脑、3C用品。侧背的设计，也可改成后背（再多做一条背带即可）。

重点技法

01 外缝式硬皮打孔方法

02 内袋拉链制作

03 背带衬垫制作

英伦硬式
大书包

长33cm × 宽8cm × 高22cm

【皮革部位】

【皮革】
使用皮革：半裁／卡萨头层皮（棕色）
皮革尺寸：约使用11.18小才

【背带皮条】
85cm × 2.5cm／厚度2mm 1条
85cm × 2.5cm／厚度1mm 1条
40cm × 2.5cm／厚度2mm 1条
40cm × 2.5cm／厚度1mm 1条

【五金】
固定扣：8mm 10个、6mm 2个
磁扣：15mm 2组
方形环：2.5cm 2个
D形环：2.5cm 2个、2cm 2个
活动钩：2.5cm 2个
皮带头：2.5cm 3个
3号黄铜拉链：20cm1条
3号拉链头：1个

【工具】
10号圆錾、间距规、线引器、菱錾、皮带錾（大）、8mm平錾、尖锥、8mm平凹錾、6mm平凹錾、上胶片（小）、双面胶（4mm宽）、木槌、皮革用强力胶

所需版型

版型 ⊕ B、C、D面

提手二层皮垫片×1
14cm×24cm
（厚度1.8mm）

内片二层皮×1
33cm×22cm
（厚度0.8~1mm）

海绵×1
18.5cm×3.3cm
（厚度2.2~2.5mm）

对位版

对位版

减压带（上）×1
20cm×4.5（H）cm
（厚度1.5mm）

主体后片
33cm×22cm
（厚度2.2~2.5mm）

主体前片
33cm×22cm

对位版

减压带（下）×1
20cm×4.5（H）cm
（厚度1.5mm）

笔插皮片×1
11cm×1.8（H）cm
（厚度1.8mm）

上盖×1
22.6cm×33cm
（厚度2.5mm）

前袋片×1
26.4cm×13.3cm
（厚度1.8mm）

皮带环×5

提手外皮×1
14cm×12cm
（厚度1mm）

磁扣贴片×2
直径3cm
（厚度1mm）

提手条×1
36cm×2.4cm（厚度1.8mm）

后侧身×2
38.5cm×9（H）cm（厚度2.2~2.5mm）

前侧身×2
25.9cm×4（H）cm（厚度2.2~2.5mm）

提手固定片×2
2.4cm×7.5cm
（厚度1.8mm）

侧身D形环连接片×2
2.4cm×11cm
（厚度1.8mm）

后背带D形环连接片×2
4.6cm×8.5cm
（厚度1.8mm）

上盖皮带头片×2
2.4cm×11cm

背带皮带头片×1
2.4cm×9cm
（厚度1.8mm）

舌片×2
4.2cm×13.9cm
（厚度2.2mm）

卡夹×1
17cm×10.5cm
（厚度1.3cm）

拉链皮片×1
19cm×3.6cm
（厚度1.5mm）

名片×1
11.2cm×7.8cm
（厚度1.3cm）

猪皮口袋×1
30cm×19.5cm
（厚度0.8~1mm）

117

制作前袋细节

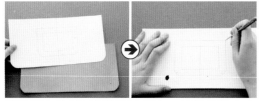

将版型上的记号压印于皮革上。使用尖锥点出所有记号位置。⬇

使用尖锥划出要粘贴的范围。⬇

需上胶的部分先用美工刀刮粗。⬇

使用间距规划出0.4cm宽的缝份。⬇

背面涂上0.4cm宽的皮革用强力胶。⬇

半干后粘贴牢固。↗

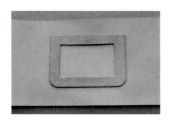

前袋片划上0.4cm的缝份。将皮片都打好孔。⬇

将名片皮片缝在前袋片上。⬇

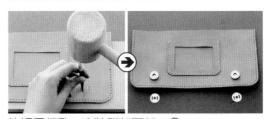

依记号打孔。安装磁扣下扣。⬇

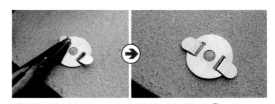

将磁扣垫片装上，用木槌敲平扣脚。⬇

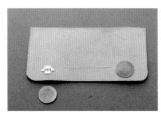

将磁扣贴片涂胶粘上。⊖

前侧身缝制

两片前侧身用长尾夹上下固定，距离末端1cm处划记号线。⤓

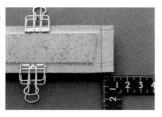

打孔。⤓

沿着记号线用菱錾打孔。⤓

沾湿边缘处将其软化，半干后在缝份处涂胶。⤓

缝合，不用回缝。⤓

缝份沾湿往两边折，涂上胶贴平。⤓

将前侧身与前袋片黏合。⤓

两侧划出0.4cm宽的缝份。↗

前侧身与前袋片一同缝合。⤒

前片笔插口袋

将卡夹与笔插皮片贴在版型所示位置。⬇

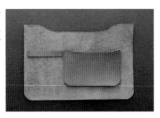

将要上胶的部分用刀背刮粗。⬇

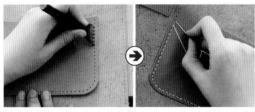

使用线引器在卡夹上划出0.4cm宽的缝份，打孔后与前片主体缝合。

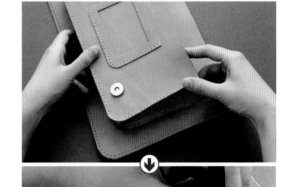

笔插皮片测量5cm打孔。在前片上以3cm为间隔做立体缝合。⬇

主体前片笔插与卡夹完成如图。⬇

将前袋片与主体前片黏合。黏合完成打孔。⬇

将主体前片版型对位。⬇

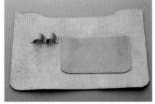

将前袋片与主体前片缝合。⬇

用夹锥点出记号位置。↗

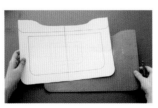

缝合好的前袋片与主体前片。⊖

后侧身制作

用长尾夹上下固定，距离末端1cm划记号线。⤵

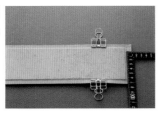

准备侧身D形环连接片与2.5cmD形环。⤵

沿记号线用菱錾打孔。⤵

将2.5cmD形环套入侧身D形环连接片并涂胶黏合。⤵

缝合，但不用回缝。⤵

使用间距规划出0.4cm宽的缝份。⤵

边缘沾湿将其软化。⤵

侧身D形环连接片打孔。⤵

接口处涂胶向两边折叠黏合。⤵

将侧身D形环连接片放在后侧身片中间，距上端边缘2.5~3cm，用尖锥做记号。⤵

黏合完成。↗

将记号位置刮粗，涂胶黏合。⤵

用菱锥将缝孔刺穿。⊌

将其缝合，头尾处均要回缝。⊌

用10号圆錾打孔。⊌

准备8mm固定扣。⬈

使用8mm平凹錾安装固定扣。⊌

使用间距规在后侧身上划出0.4cm宽缝份。⊌

打孔。⊖

前袋、主体接合

将要黏合部分的后侧身折好边。⬇

将折起的后侧身边涂上4mm宽的皮革用强力胶。⬇

后侧身粘贴在主体前片上。↗

黏合完成如图。⬇

将后侧身与主体前片缝合。⬇

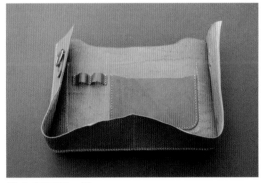

缝合完如图。⊖

内片二层皮内袋及猪皮口袋制作

拉链皮片划出距边缘0.4cm的缝份。⊕

猪皮口袋侧边粘贴0.4cm并打孔。⊕

边缘涂胶4mm，跟内片二层皮贴合。⊕

将拉链皮片打出两圈缝孔。⊕

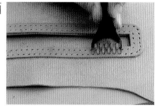

猪皮口袋两侧边缝合。⊕

拉链皮片外圈与内片二层皮缝合。⊕

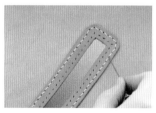

拉链拨齿，将其剪至适当长度。⊕

将猪皮口袋边缘留2cm对折，如图。⊕

准备拉链头与上、下止。⊕

将拉链头上、下止装上。⬇

拉链布粘上4mm宽的双面胶。⬇

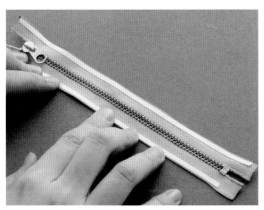

将拉链粘在内片二层皮上。⬇

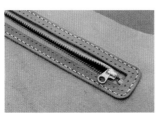

将制作好的猪皮口袋也贴上。↗

贴好如图。⬇

用菱锥刺穿要缝的拉链皮片内圈。⬇

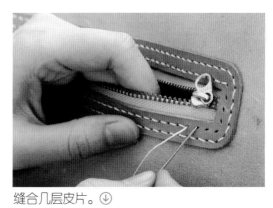

缝合几层皮片。⬇

钉上拉链拉片。⊖

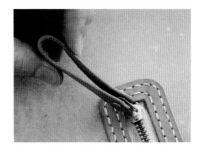

| 后背带吊耳 |

准备后背带D形环连接片与D形环。⊙

将连接片套进2cm D形环并涂上胶黏合。⊙

连接片使用间距规划出0.4cm宽的缝份。⊙

主体后片划出0.4cm宽的缝份后打孔。⊙

将连接片一面需粘贴处刮粗，涂胶黏合。⊙

将连接片与主体后片一同打孔。↗

用10号圆錾（直径3mm）打孔。⊙

缝合近似八字形，记得不能全缝死，即底边暂时不缝。⊙

准备8mm固定扣。⊙

使用8mm平凹錾安装固定扣。⊙

完成如图。⊙

将内片二层皮与主体后片全部侧边涂胶黏合。⊖

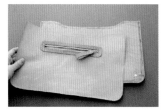

|缝制上盖舌片|

将版型上的记号压印于皮革上。⊙

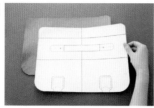

两片舌片使用间距规划出0.4cm宽的缝份。⊙

用尖锥点出记号位置。⊙

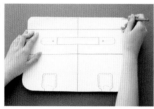

涂胶贴合在上盖标示的位置。⊙

使用间距规划出0.4cm宽的缝份。⊙

打孔。⊙

打孔。⊙

缝合。⊖

| 提手制作 |

提手所需材料，全部都要画上中心线。⊙

将两个2.5cm的方形环套入提手条。⊙

用卷的方式一层一层粘紧。⊙

粘好如图。⊙

将提手二层皮垫片置中贴上。⊙

折至中心点粘好。⊙

使用线引器划一条直线，距头尾边缘0.5cm。⊙

将提手外皮涂胶。↗

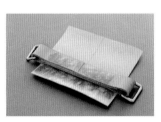

使用菱锥穿孔。↗

可先用菱錾做记号再刺穿。

提手固定片用10号圆錾打孔，套入方形环另一侧黏合。划出0.4cm宽的缝份。⊙

打孔。⊙

缝合。⊙

 注意线的长度要预留8～10倍，以免缝线不够长。

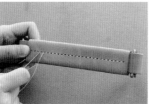

将组装好的提手与上盖对合。⊙

用尖锥点出要黏合的范围。⊙

要上胶的部分刮粗。⊙

黏合后用菱锥刺穿缝孔。⊙

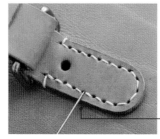

缝合。⊙

 头尾处均要回缝。

放上8mm固定扣，用8mm平凹錾钉上。上盖即完成。⊖

|上盖与主体后片接合|

将版型上的记号压印于皮革上。⊕

用尖锥点出记号位置。⊕

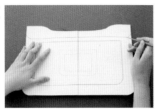

将上盖黏合在主体后片上。⊕

⚠ 不能连着缝，左右两侧要预留缝孔。

缝合。⊕

主体前袋边缘沾湿软化，半干后边缘向内0.4cm范围内涂胶，与主体后片和上盖黏合。⊕

黏合完如图。⊕

缝合完成。⊖

使用菱锥穿孔。↗

|缝制上盖皮带头片|

准备材料。⬇

切记缝线要绕
2~3次并拉紧。

缝完如图。⬇

将磁扣上扣装在上
盖皮带头片上。⬇

磁扣脚往内压折敲
平。⬇

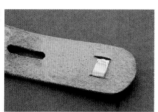

将皮带环套在皮带头片中间，并在皮带环两侧
四个点打孔。⬇

将皮带头套入。⬇

❗方向不能错，
可重复检查。

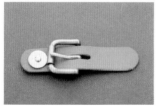

缝合。⬇

❗切记缝线要绕
2~3次并拉紧。

将皮带环打孔。

❗共有五片，可
先都缝好。

装好磁扣并涂胶黏
合，正反面如图。
⬇

平行缝合。↗

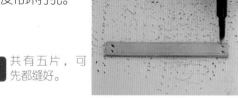

与上盖舌片一起固
定如图。⊖

背带制作

背带有两短两长，厚度分别为1mm与2mm，将同等长度的两片分别涂胶黏合。↓

将皮带环套入皮带头片，在皮带环两侧四个点缝合。↓

使用间距规划出0.4cm宽缝份。↓

另一端将连接片套入活动钩。放入8mm固定扣钉上。↓

打孔。↓

短背带完成如图。↓

! 缝好的皮带环要记得放入。

缝合。↓

长短背带完成图。↓

背带材料准备。↓

长背带另一端间距3cm打调节孔。⊖

! 依个人身形来调整孔的多少。

将皮带头套入背带皮带头片。↗

| 完成减压带 |

准备减压带材料。

海绵因有厚度，可使用长尾夹辅助黏合。↓

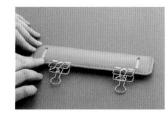

使用间距规划出0.4cm宽的缝份，共有两片。↓

缝合。↓

打孔。↓

将海绵涂胶黏合。↗

! 减压带上片边缘涂胶4mm宽即可，贴合海绵的下片则要全涂胶。

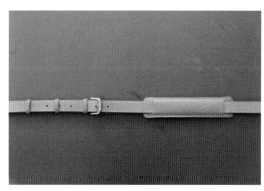

将背带穿过减压带，背带即完成。⊖

看似简单的包体外观，在制作方式上却有许多细节需要注意，包括猪皮内里与外包身的收边方式、拉链袋的制作、包底皮革的塑形等，照着技巧提示，就能一步一步地完成。

重点技法

01 主体外袋的收边方式

02 包身皮革塑形

束口后背包

长26cm × 宽17cm × 高35cm

【皮革部位】

【皮革】

使用皮革：半裁／约特植鞣皮（黄棕色）
全裁／猪面皮

皮革尺寸：植鞣皮约使用9.02小才
猪面皮约使用6.51小才

【皮条】

口袋包边条（K1）：2cm × 16.6cm／厚度
0.8mm 2条

提手（I）：2cm × 21cm／厚度0.8mm、2mm
各1条

短背带（H）：2.5cm × 30cm／厚度0.8mm、
2mm 各2条

长背带（G）：3.5cm × 70cm／厚度0.8mm、
2mm 各2条

束口条（M）：4cm × 110cm／厚度0.7mm
1条

侧边连接条（E）：2cm × 39cm／厚度1.6mm
1条

【五金】

3号黄铜拉链（含上、下止）：
23cm 1条

3号黄铜拉链头：1个

黄铜皮带头：2.5cm 2个

皮包底脚（黄铜色）4个

【工具】

4mm或5mm菱錾（6孔、4孔、
2孔、单孔）、菱锥（细）、
15号圆錾、40号圆錾、皮带錾
（4mm×20mm）、2.5cm剑形尾
錾、3mm平錾、裁皮刀或美工
刀、切割用钢尺、线引器、锥
子、木制修边器、磨砂片或研磨
器、双面胶、皮革用强力胶或白
胶、橡皮胶、皮革保养蜜蜡、床
面处理剂、棉布、上胶片、去胶
片、尖嘴钳、斜口钳

所需
版型

版型 ➡ A、B、D面

侧边连接条（E）×1
2cm×39cm（厚度1.6mm）

主体前片（A2）×1
38.8cm×34.8cm
（厚度1.6mm）

主体后片（A1）×1
38.8cm×34.8cm
（厚度1.6mm）

包底（B）×1
26cm×17cm
（厚度1.6mm）

上盖（C）×1
21cm×30cm
（厚度1.6mm）

包底衬里PE板（B2）
24cm×15cm

外拉链袋（猪面皮／
二层皮／F）×1
30cm×23.2cm

主体内里（猪面皮／二层皮／A3）×2
38.8cm×34.4cm
（厚度0.6mm）

包底内里
（猪面皮／二层皮／B1）×1
25.2cm×16.2cm
（厚度0.6mm）

拉链片（L）×2
1.5cm×4.8cm
（厚度1.6mm）

拉链侧条（D）×1
3.2cm×39cm（厚度1.6mm）

口袋（猪面皮／
二层皮／K）×2
16.6cm×14cm

口袋包边条（K1）×2
2cm×16.6cm（厚度0.8mm）

长背带尾端版型（G1）

|外拉链袋|

将制作外拉链袋F
的猪皮对折至距短
边边缘1.2cm记号
处。⊕

在外拉链袋F左右两侧均匀涂上宽度约4mm宽
的皮革用强力胶，涂至1.2cm记号再往前1cm
处，并黏合牢固。↗

用线引器在外拉链袋F两侧划上距边缘0.4cm的
边线，由于猪皮较软，可能需要来回多划几次
以获得更明显的记号。⊕

从边线靠近袋口那
一端开始，用菱錾
打出缝孔，将外拉
链袋F的两边缝合
完成。⊖

! 用双针缝合较软的皮革时，需注意
不可用力拉紧缝线，以免在皮革上
形成皱褶，影响整体尺寸。

| 口袋 |

! 猪面皮的皮面或绒面皆可作为内里使用，可依照喜好来搭配。本次的包款是使用猪面皮的绒面部分作为内里，因此记号线要划在皮面侧。

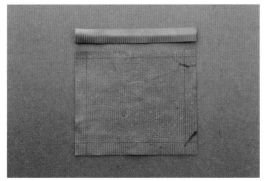

在口袋K猪面皮的皮面上依版型画出记号。⊙

在口袋K猪面皮绒面上缘记号部分及口袋包边条K1背面上胶，将包边条对齐记号线黏合牢固。⊙

将口袋K猪面皮皮面记号部分上胶，将包边条折下对齐记号线黏合牢固。⊙

用线引器在口袋包边条K1上划距边缘0.4cm宽的边线。↗

用菱錾沿边线打出缝孔并缝合。⊙

在口袋K猪面皮皮面的记号处以外的部分均匀上胶。⊙

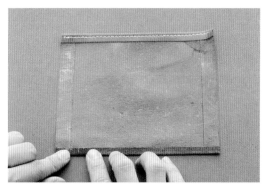

先将口袋K猪面皮下缘反折对齐记号线并黏合牢固。⊙

再将左右两侧以同样方式反折黏合。⊖

| 主体内里 |

将口袋K的位置依版型所示标记在主体内里A3的绒面。⊕

以菱錾打出缝孔。⊕

用尖锥划上记号，并将左、右、下三边虚线连成直线。⊕

在口袋的开口处再往上打一个缝孔。⊕

在左、右、下三边记号线内涂上0.8cm宽的胶。切记胶水不可溢出记号。⊕

缝合时需回缝两针加固袋口，如图所示缝合完毕。⊕

在口袋K的左、右、下三边内侧同样涂上0.8cm宽的胶。⊕

在主体内里A3皮面的上缘1.6cm处划记号。⊕

将口袋K对齐记号线粘贴至主体内里A3上。⊕

在边缘记号部分涂上橡皮胶。⊕

用线引器在三边划上距边缘0.4cm的边线。↗

将上缘往内折，对齐记号线黏合。⊖

在将较软或较薄的皮革边缘内折时，一只手负责黏合，另一只手要从尚未黏合的一侧维持皮革的形状，以免皮革变形使得黏合完的边缘不平整。⤵

在主体内里A3绒面的左右两侧划上距边缘0.5cm的记号线。⤵

在记号线以外的部分均匀涂上橡皮胶。⤵

将两片主体内里A3的边缘对齐，黏合牢固。↗

在对贴完毕的主体内里A3两侧皆划上距边缘0.5cm的记号线。⤵

用菱錾打出缝孔并缝合。⤵

缝合完毕后，将边缘贴合处分开。⤵

在缝合完毕的边缘1cm处划上记号线。两面都需划上记号。⤵

在记号线以外部分上胶。⬇

将缝线外的猪皮往两边分开贴合。⬇

贴合完毕如图。⬇

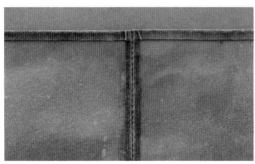

其中一侧缝合完成后，两片主体内里A3的位置应该如图所示。接着将主体内里的另一侧以同样的方式缝、分开、上胶、贴合完毕。↗

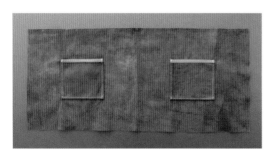

将包底内里B1的边缘涂上5mm宽的胶。主体内里A3的下缘也涂上5mm宽的胶。⬇

依照版型所示的记号点（包括四边中点、圆角连接处），将包底内里B1与主体内里A3依序贴合。⬇

贴合完毕如图。⬇

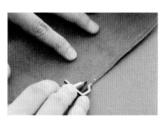

边缘用线引器划上0.5cm的边线。⬇

以菱錾打出缝孔并缝合完毕，即完成内袋制作。⊖

| 长背带 |

将长背带G表面皮革及背面皮革的床面都均匀上胶，将表面皮革与背面皮革黏合。⊙

❗ 由于背带长度较长，在黏合时可将白纸衬在皮革之间，再慢慢抽出纸张进行贴合。如此可避免尚未贴合的部位不小心粘在一起。

将长背带尾端版型G1靠齐背带的其中一端，用尖锥沿边缘划上记号。⊙

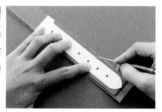

切割长背带尾端时，如果遇到圆形转角，可利用大小接近的圆錾来制作，便于切出漂亮的转角。↗

直线处用钢尺对齐，方便美工刀切割。切割时注意刀片要垂直于桌面，否则皮革边缘会形成斜角而非直角。⊙

长背带尾端尖头则使用2.5cm的剑形尾錾，仔细对齐记号线后，用木槌垂直敲打尾錾即可。⊙

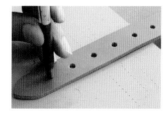

皮带孔用4mm圆錾打孔，孔与孔的间距可设定为2cm或2.5cm，依照个人需求打上几个孔即可。⊙

将皮带裁切完毕之后，用线引器在边缘划上0.3cm的边线。⊙

用菱錾打出缝孔后缝合，即完成长背带的制作。⊖

提手

在提手I表面皮革（厚度2mm）的两侧划上距边缘0.3cm的边线。⊘

由提手I中点开始贴合。⊘

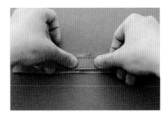

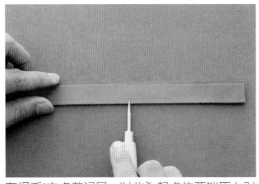

在提手I中点做记号，以此为起点往两端压上对称的缝孔位置。⊘

在约1/3处将提手弯折90°，并依照弧度仔细将两片皮革贴合。⊘

用手适当调整提手的弧度，使提手看起来更为自然。⊘

用菱錾打出缝孔，距两端约1cm处不需打孔。⊘

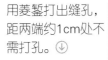

使用皮革剪刀将背面皮革多余部分修剪掉。⊘

在表面皮革及背面皮革的床面均匀上胶。↗

用剑形尾錾或菱锥将缝孔打穿。背面可垫上软木塞或去胶片，以免刺伤手。将提手缝合完毕即可。⊖

| 上盖 |

在上盖C的记号处用皮带錾打孔。⊗

比皮带錾更长的孔可以使用皮带錾继续连着打。接着将孔的边缘修磨整齐，并用床面处理剂打磨抛光。⊗

在孔的周围用线引器划上0.3cm的边线。⊗

用菱錾打出缝孔。在转弯处使用单孔菱錾沿着边线的切线方向打孔。↗

❗ 细节部位的缝孔，可能无法刚好与菱錾的间距配合，此时可在转弯处用单孔菱錾先压出等距离的缝孔记号再打孔。适当调整孔距可以让整条缝线看起来更加对称且协调，这将会是作品精致度更上一层楼的关键。

❗ 让背带往外倾斜可以使背带更贴合人体，减少与颈部摩擦的不适感。

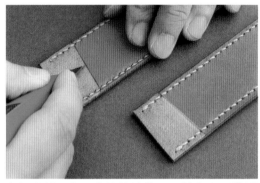

在长背带G背面皮革前端约2cm处划上斜线记号，斜线两端的高度差为0.4~0.6cm。注意两条背带的斜线方向要相反。再将斜线记号以外的部分用美工刀刮粗。⊗

将长背带G刮粗部分以及上盖开孔处的下方边缘上胶并粘贴牢固。注意长背带的背面皮革需朝上，背包时将背带往下翻折，才会看到长背带的表面皮革。⊗

在提手I两端约2cm处同样划上斜线记号，斜线两端的高度差为0.4~0.6cm。两端的斜线方向需相反。再将记号以外的部分用美工刀刮粗。⊖

将提手I刮粗部分以及长背带对应粘贴处上胶并粘贴牢固。⊕

以菱锥或剑形尾錾刺穿上盖开孔处的缝孔。将上盖C、长背带G及提手I缝合完毕。⊕

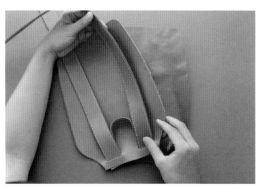

缝合完毕如图所示。接着裁切一块比上盖略大的猪皮。⊕

将上盖C的床面及猪皮的皮面全部均匀涂上橡皮胶。⊕

将上盖C及内里猪皮平整地粘贴牢固。↗

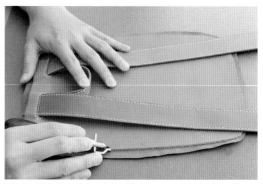

用线引器在上盖C边缘划上0.3cm的边线。⊕

用菱錾打出缝孔，转弯处用2孔菱錾先压出一致的孔距记号，再用单孔菱錾沿着弧线的切线方向打孔，可以使缝线更加美观。接着将上盖C及内里缝合完毕。⊕

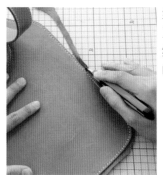

缝合完毕后，用美工刀沿着上盖的边缘将内里猪皮多余的部分切割掉。⊖

| 短背带 |

在短背带H表面皮革的一端距边缘4cm处用皮带錾打孔。⤵

将短背带的背面皮革粘贴于表面皮革的背面。⤵

表面皮革的床面部分末端2cm处用美工刀或裁皮刀斜着削薄。⤵

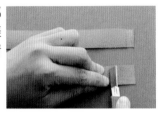

在表面皮革的两边用线引器划上0.3cm的边线。⤵

以皮带錾所打出的孔的中间为基准，将背带H翻折并在床面上划上记号。⤵

在短背带H的背面，将线引器对齐背面皮革的边缘，同样划上0.3cm的边线。⤵

在孔的两侧涂上皮革用强力胶。⤵

将边线延伸至短背带的侧边。
（此处以黑笔标示方便读者阅读，实际划记号时用锥子即可。）⤵

将皮带头如图所示穿入表面皮革。⤵

再将记号延伸至短背带H正面，此处即为缝孔的位置。⤵

将背带H翻折对齐记号线，粘贴牢固。↗

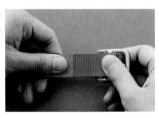

用菱錾将短背带打出缝孔缝合，即完成短背带H的制作。⊖

| 束口条 |

在束口条M的两边距边缘1.9cm处各划上一条记号线。⊕

将束口条M对折压出折线。⊕

将束口条M两边往背面折叠，对齐记号线折出压痕。⊕

将束口条M均匀上胶，再对折粘贴牢固。⊕

以湿棉布将束口条M沾湿，注意水分不宜过多，否则皮革容易受力变形。⊕

！ 若皮革干了则适度补充水分，维持皮革的可塑性。

在束口条M的尾端，用美工刀或裁皮刀切割尾端造型。⊕

先在其中一边均匀上胶，将边缘往背面折叠粘贴牢固。⊕

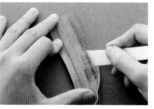

用研磨器修磨尾端，使弧线平顺。⊕

将两边都如图粘贴完毕。⊕

用线引器在束口条M边缘划上0.4cm的边线。⊕

再次将束口条M沾湿，准备将皮革对折粘贴。⤴

用菱錾打出缝孔，缝合。⊖

！ 由于缝合长度较长，可分为两段缝线缝制较为便利。

| 包底 |

依照版型所示，将所有记号划在包底B皮片上。⊙

将未削薄的部分全部上胶。⊙

以3mm平錾将皮包底脚的孔打穿。⊙

包底衬里PE板B2也整面上胶。⊙

将皮包底脚穿透孔位。⊙

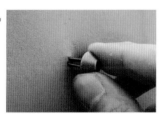

将PE板贴合于包底皮片B的床面。⊙

将底脚的两片脚片向外扳平。⊘

如图贴合完毕后备用。⊖

整体组装

| 主体接合及拉链袋组装 |

在主体后片A1需缝合上盖C处的两端使用皮带錾打孔。需缝合短背带处以同样方式打孔。⊙

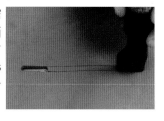

需缝合上盖C处的两端用皮带錾打孔之后，用钢尺辅助将直线部分切开。⊙

用研磨器或磨砂片修磨所有开口处的边缘，使其平整。再涂上床面处理剂并用木制修边器将开口打磨抛光。⊙

用线引器在所有开孔处划上0.3cm宽的边线。⊙

用菱錾打出缝孔，转弯处用单孔菱錾沿着弧线的切线方向打孔。束口条M开孔以40号圆錾打孔后，同样划上距圆周0.3cm的边线，用单孔菱錾打出缝孔。↗

在两片主体皮片上缘的床面侧划上距边缘1.6cm的记号线，将记号线以上部分局部削薄。⊙

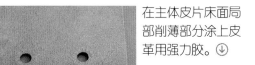

在主体皮片床面局部削薄部分涂上皮革用强力胶。⊙

将两片主体的上缘折叠对齐记号线粘贴牢固。⊙

先将两片主体的开口处对齐。将拉链侧条D版型对齐两片主体，用尖锥沿着版型边缘划出记号线。⊙

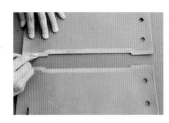

用美工刀将两片主体在记号线以外的部分刮粗。⊙

在两片主体刮粗部分上胶，拉链侧条D的床面全部上胶。↗

将拉链侧条D对齐记号线粘贴牢固。⊕

用菱錾打出缝孔备用。⊕

在拉链侧条D左右两边划上0.4cm宽的边线。⊕

制作一条长度约22cm的拉链（含上、下止，不含多余拉链布）。⊕

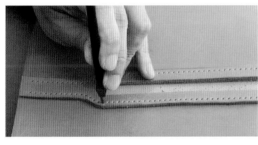

用菱錾打出缝孔，将拉链侧条D与两片主体缝合。缝合方向由主体下缘开始往上缝至距离上缘约4cm处即可收线。将拉链侧条D开口的边缘修磨整齐，涂上床面处理剂后用木制修边器打磨抛光即可。⊕

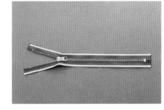

粘贴细双面胶带于拉链的正面两侧，双面胶的边缘贴齐拉链布上的第一条纹路。⊕

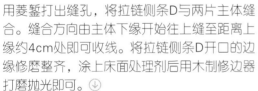

撕下双面胶，将拉链置中粘贴于开口处。注意拉链的上下方向需与主体一致。⊕

在距拉链侧条D开口边0.4cm处划上边线。⊕

用线引器在主体上缘和下缘皆划上0.4cm宽的边线。↗

在拉链反面贴上双面胶，双面胶同样对齐拉链布外侧的第一条线。⊕

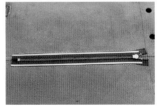

撕下双面胶，将外拉链袋F上缘粘贴于主体前片，边缘对齐缝线。⊕

将外拉链袋F开口的下缘粘贴于主体后片，边缘同样对齐缝线。⊕

用菱錾打出缝孔，转弯处用单孔菱錾沿弧线的切线方向打孔，将外拉链袋F与主体缝合完毕。⊕

外拉链袋F缝合完毕如图。⊕

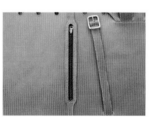

拉链片L的一端约1cm长先涂上床面处理剂打磨抛光。⊗

在两片拉链片L的床面上胶，抛磨的一端不上胶。⊕

用线引器划上0.3cm的边线。⊕

用菱錾打出缝孔，转弯处以单孔菱錾沿着圆弧的切线方向打孔。⊕

注意缝孔的位置要落在拉链金属拉片的圆孔中间，确保拉链片L能与金属拉片一起缝合。⊕

拉链片L缝合完毕如图。将边缘修磨整齐后，涂上床面处理剂并用木制修边器抛磨光滑即可。⊖

短背带与主体接合

将短背带H的末端约1cm处划上斜线记号，斜线两边的高低差为0.4~0.6cm即可。注意两条短背带H的斜线方向需相反。用美工刀将斜线以外的部分刮粗。⤵

将短背带H与主体后片A1的开孔处上胶粘贴。↗

以菱锥或剑形尾錾垂直贯穿缝孔，将短背带H与主体后片A1缝合完毕。⤵

短背带H与主体后片A1缝合完毕如图。⊖

上盖与主体接合

在上盖C要与主体后片A1连接的地方划上1cm宽的记号线。⤵

用美工刀刮粗记号线以下的部分。⤵

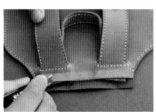

在刮粗部分涂上皮革用强力胶。主体后片A1的开孔处往边缘方向约1.5cm宽也涂上皮革用强力胶。↗

将上盖C插入主体后片A1的开孔处，直到与开孔的两端密合，并粘贴牢固。⤵

由正面用菱锥或剑形尾錾将缝孔扎穿，将上盖C与主体后片A1缝合完毕。⤵

上盖C与主体缝合完毕如图。⊖

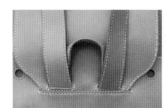

主体与侧边连接条接合

在主体A1、A2未缝合的边缘各划上1cm宽的记号线。↓

将主体一侧记号线以外的部分用美工刀刮粗。↓

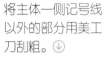

在侧边连接条E两侧划上0.4cm宽的边线。↓

用菱錾打出缝孔。缝孔由下往上打至与主体皮片的上缘同高即可。↓

在侧边连接条E下缘的最后一个缝孔，由于会有两道缝线经过，故用圆锥扎穿缝孔即可，无须用菱錾打孔。↓

将侧边连接条E对齐刮粗范围，上胶粘贴。↓

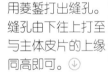

用菱錾打穿缝孔，由主体下缘往上缝合至距上缘4cm处即可。↗

主体一侧与侧边连接条E缝合完毕如图。↓

将主体另一侧1cm记号线以外用美工刀或裁皮刀刮粗。可用钢尺辅助，避免超出所需的范围。↓

刮粗部分上胶。↓

将侧边连接条E与上胶部分粘贴牢固。↓

由正面用菱锥或剑形尾錾垂直扎穿缝孔，将主体与侧边连接条E缝合至距主体上缘约4cm处即可。↓

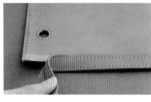

主体与侧边连接条E缝合完毕如图。⊖

包底与主体接合

在包底B边缘涂上1cm宽的皮革用强力胶。⬇

在主体下缘的里侧约1cm宽度上胶。⬇

由直线处开始黏合，依序对齐四边中点及圆角连接处的记号，将包底B与主体黏合。⬇

包底B与主体粘贴完毕如图，包底B呈现向内凹陷的状态。⬇

用菱锥由包包外侧扎穿缝孔。注意手持菱锥的角度需固定，菱锥穿出包底B的位置须尽量在同一水平线上。↗

起针处可由侧边连接条E的一侧开始，缝合整圈包底，至结尾时，与起针处重叠两针后收线。⬇

包底B与主体缝合完毕如图。将边缘修磨整齐后，再涂上床面处理剂用木制修边器抛磨光滑即可。⬇

用棉布将包底B凹陷处打湿。⬇

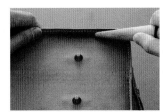

用木制修边器将凹陷处来回推磨塑形，使凹陷处因弯折而产生的褶皱消失。⬇

包底B塑形完毕如图，呈现出立体感。完成外袋的制作。⊖

外袋与内袋接合

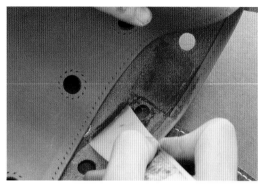

在外袋上缘的里侧往下4cm宽均匀涂上橡皮胶。⊕

在内袋上缘的外侧往下4cm宽均匀涂上橡皮胶。⊕

将内袋套入外袋中。⊕

将内袋与外袋依照前后、左右的中点对齐，黏合牢固。↗

用菱锥或剑形尾錾由外袋预先打好的缝孔向内扎穿内袋。⊕

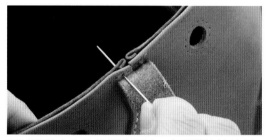

可从两片主体的接缝处起针，之后侧边连接条E往内折入时会遮盖此处。⊕

内袋与外袋的上缘缝合完毕如图。⊕

用40号圆錾将束口孔处的内里猪皮打孔。⊕

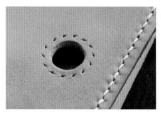

打孔完毕如图。↗

用菱锥或剑形尾錾将束口孔的缝孔扎穿，缝合。⊕

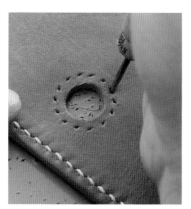

用菱锥或剑形尾錾由正面将缝孔扎穿，缝合。⊕

侧边连接条E向内折入缝合完毕如图。⊕

束口孔缝合完毕如图。在边缘涂上床面处理剂，用木制修边器抛磨边缘至光滑即可。⊖

将侧边连接条E高出主体的部分上胶，向内折入黏合牢固。↗

| 完成作品 |

将束口条M以一段内一段外的方式穿入束口孔中。在包包前方将束口条M拉紧打结，即完成作品。⊖

图书在版编目（CIP）数据

手缝皮革简约包设计/印地安皮革创意工场著. —郑州：河南科学技术出版社，2017.1
ISBN 978-7-5349-8454-9

Ⅰ.①手… Ⅱ.①印… Ⅲ.①皮包-皮革制品-制作 Ⅳ.①TS563.4

中国版本图书馆CIP数据核字（2016）第261568号

出版发行：河南科学技术出版社
　　　　地址：郑州市经五路66号　邮编：450002
　　　　电话：（0371）65737028　65788613
　　　　网址：www.hnstp.cn
策划编辑：李　洁
责任编辑：杨　莉
责任校对：张小玲
封面设计：张　伟
责任印制：张艳芳
印　　刷：北京盛通印刷股份有限公司
经　　销：全国新华书店
幅面尺寸：190 mm×260 mm　印张：10　字数：170千字
版　　次：2017年1月第1版　2017年1月第1次印刷
定　　价：58.00元

如发现印、装质量问题，影响阅读，请与出版社联系并调换。